Java 语言程序设计

主　编　王　波　杨晓健

副主编　李成渊　潘婷婷　梅　娟

顾绮芳　傅　毅　丁　一

董　峰　袁先祥　张双虎

电子科技大学出版社

·成都·

图书在版编目(CIP)数据

Java语言程序设计 / 王波，杨晓健主编 . —成都：电子科技大学出版社，2019. 8

ISBN 978-7-5647-7292-5

Ⅰ. ①J… Ⅱ. ①王… ②杨… Ⅲ. ①JAVA语言-程序设计 Ⅳ. ①TP312. 8

中国版本图书馆CIP数据核字（2019）第166220号

Java 语言程序设计
Java YUYAN CHENGXU SHEJI
王　波　杨晓健　主编

策划编辑　张　鹏　魏　彬
责任编辑　魏　彬

出版发行　电子科技大学出版社
　　　　　成都市一环路东一段159号电子信息产业大厦九楼　邮编　610051
主　　页　www. uestcp. com. cn
服务电话　028-83203399
邮购电话　028-83201495

印　　刷　湖北鄂南新华印刷包装股份有限公司
成品尺寸　185mm×260mm
印　　张　21. 5
字　　数　530千字
版　　次　2021年1月第二版
印　　次　2021年1月第一次印刷
书　　号　ISBN 978-7-5647-7292-5
定　　价　56. 80元

前言

Java 语言是一种面向对象的程序设计语言，诞生于 20 世纪 90 年代初期，伴随着计算机平台的多样化及互联网的迅猛发展而发展，逐渐成为重要的网络编程语言。Java 语言具有简单性、面向对象、分布式、健壮性、安全性、平台独立与可移植性、多线程、动态性等特点。

一、特色说明

本书以培养学生的 Java 应用程序开发能力为教学目标，结合项目开发，融“教、学、做”为一体，按照软件开发流程组织，将职业素质教育贯穿始终。

1. 有效组织教学内容使其与企业需求有效对接

本书立足于企业面试需要掌握的底层原理知识和软件开发的实战技能要求，对于程序开发中分层设计、MVC 思想等知识进行详细的讲解和阐述，让读者有一个直观、形象的认识。

2. 打破原有的“大而全”系统体系，以任务驱动知识点讲解

本书采用任务驱动的形式来完成内容的组织，精心设计的任务案例能让读者体验“编程的乐趣”，有成就感，同时配合有微视频、技能闯关等内容进行辅助，努力训练学生对技能的实操性和综合运用知识的能力。通过对任务的演示和分析，让学生直观地了解这节课要解决的问题和可以产生的效果，避免了只讲知识点不讲知识点应用的问题。

3. 整理常见专业英语词汇和提示，帮助学生读懂程序

针对高职学生英语底子薄弱，本书提供了开发者常用的英文词汇表和代码调试报错的英文提示，方便学生学习编程、调试程序，增强学生编程的自信心。

4. 以校企双方为双责任主体共同合作开发教材

利用校企合作平台，校内教师与企业工程师共同合作开发本教材。教师组在听取行业企业专家意见的基础上梳理知识点，做好教材的整体规划。企业组提供项目素材、案例资源，并把企业工作流程、工作技能整合到教材中。

二、章节介绍

本书从 Java 技术的发展和学生认知规律出发，将教学内容分为 15 个章节，每章内容包含多个项目案例，通过企业开发流程来贯穿所有的知识点。下表中列出的授课计划供教

师参考。

章节	内容	建议课时分配
第 1 章	Java 概述	4
第 2 章	环境配置与 Eclipse 工具介绍	2
第 3 章	Java 基础语法	6
第 4 章	Java 流控语句	16
第 5 章	面向对象基础	8
第 6 章	面向对象进阶	20
第 7 章	常用类	4
第 8 章	数组与集合	8
第 9 章	Eclipse 断点调试和 JUnit 单元测试	4
第 10 章	超市购物小票案例	6
第 11 章	输入/输出技术	8
第 12 章	线程技术	6
第 13 章	JDBC	12
第 14 章	JDBC 连接池 &DBUtils 工具类	8
第 15 章	综合案例	8

三、鸣谢

本书在出版过程中，得到了电子科技大学出版社的大力支持，在此表示衷心的感谢。由于编者水平有限，书中难免存在错误和疏漏之处，欢迎广大读者批评指正。

编　者

2021 年 1 月

目录

第1章 Java概述

学习目标

【应用】理解 Java 概述、HelloWorld 案例

(1)【了解】Java 语言的发展史。

(2)【理解】JVM、JRE、JDK 分别是什么？有什么作用？有什么关系？

(3)【应用】能够操作常用的 DOS 命令。

(4)【应用】独立下载安装 JDK。

(5)【应用】独立编写 HelloWorld 案例，并能够调试问题，使程序正常运行。

1.1 Java 语言发展史和平台概述

1.1.1 Java 语言发展史

詹姆斯·高斯林(James Gosling)，1977 年获得了加拿大卡尔加里大学计算机科学学士学位，1983 年获得了美国卡内基梅隆大学计算机科学博士学位，毕业后到 IBM 工作，但不受重视。后来转至 SUN(Stanford University Network，斯坦福大学网络)公司，于 1991 年，和其他几位工程师一起合作参与了“Green 计划”(绿色计划)，并开发了一种称为 Oak(橡树)的面向对象语言。1995 年 5 月 23 日，Oak 语言改名为 Java，Java 语言由此诞生。

1.1.2 Java 语言版本

Java 语言版本有三个：标准版、缩减版和企业版。三个版本的应用领域见如图 1-1 所示。

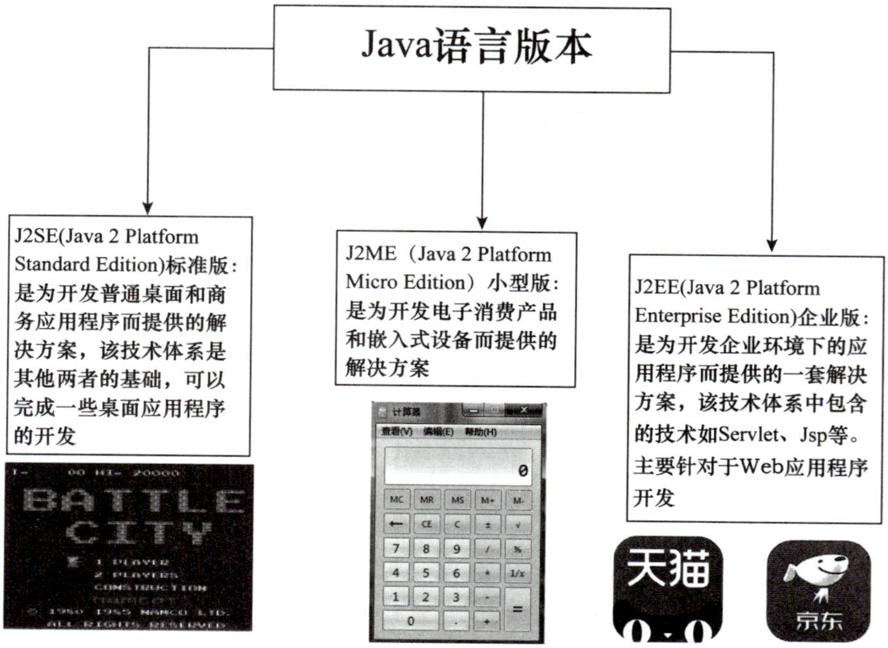

图 1-1　Java 语言版本

1.2　JVM、JRE 和 JDK 的概述

1.2.1　跨平台

平台：指的是计算机硬件或软件的操作环境(如 Windows、Linux、Mac 等)。

跨平台：Java 程序可以在任意操作系统上运行，如图 1-2 所示。一次编写到处运行。

原理：实现跨平台需要依赖 Java 的虚拟机 JVM(Java Virtual Machine)。

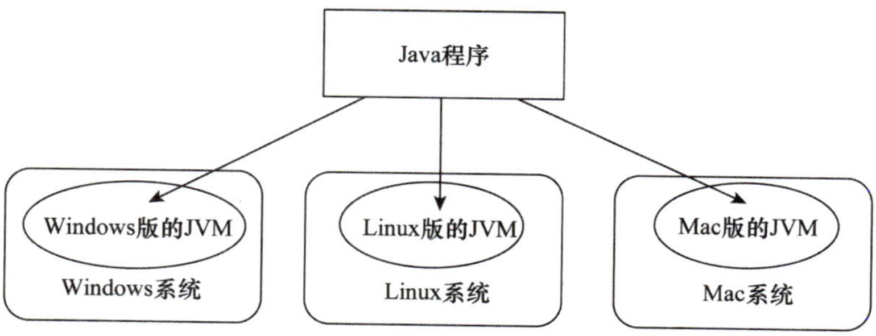

图 1-2　Java 程序可运行的操作系统

1.2.2 JVM、JRE 和 JDK 的说明

1. JVM

JVM 是 Java 虚拟机，Java 程序需要运行在虚拟机上，每个平台都有自己的虚拟机，因此 Java 语言可以跨平台。

2. JRE

JRE 包括 JVM 和 Java 程序所需的核心类库等，如果想要运行一个开发好的 Java 程序，计算机中只需要安装 JRE 即可。

JRE：JVM+类库。

3. JDK

JDK 是提供给 Java 开发人员使用的，它既包含 Java 的开发工具，也包括 JRE。读者安装 JDK，则不用再单独安装 JRE。Java 的开发工具包括编译工具(javac. exe)、打包工具(jar. exe)等。

JDK：JRE+Java 的开发工具。

4. JVM、JRE 和 JDK 的作用和关系

实际开发中程序员利用 JDK(调用 Java API)开发 Java 程序，然后通过 JDK 中的编译程序(javac)将 Java 文件编译成 Java 字节码文件，在 JRE 上运行这些 Java 字节码，JVM 解析这些字节码，映射到 CPU 指令集或 OS 的系统调用。简单来说就是 JDK 包含 JRE，JRE 又包含 JVM 的关系，三者关系如图 1-3 所示。

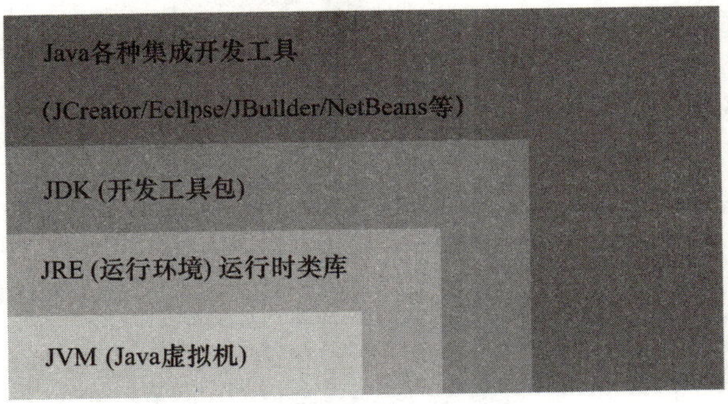

图 1-3 JVM、JRE、JDK 三者关系

1.3 常用 DOS 命令

1.3.1 打开控制台

打开控制台的方法为：“win+R”，然后输入 cmd，敲回车键。

1.3.2 常用命令

常用命令介绍如下。

(1) d：在 DOS 字符界面输入“d:”，敲回车键，表示盘符切换。

(2) dir(directory)：列出当前目录下的文件以及文件夹。

(3) cd(change directory)：改变指定目录(进入指定目录)。

(4) cls：(clear screen)清屏。

(5) exit：退出 DOS 命令行。

1.4 下载安装 JDK

目前最新的是 JDK 12，它于 2019 年 3 月 19 日发布，JDK 12 已处于 Rampdown Phase One 阶段，所有的新特性已经冻结，不会再针对其他。新特效如下。

编号	名称	说明
189	Shenandoah：A Low-Pause-Time Garbage Collector (Experimental)	新增名为 Shenandoah 的、低暂停时间的实验性垃圾收集器
230	Microbenchmark Suite	新增微基准测试套件(Microbenchmark Suite)，使开发人员可以轻松运行现有的微基准测试并创建新的基准测试
325	Switch Expressions (Preview)	对现有 Switch 表达式改进，使其可以用作语句或表达式
334	JVM Constants API	引入 API 来对关键类文件(Key Class-File)和运行时工件(Run-Time Artifacts)的名义描述(Nominal Descriptions)建模，特别是可从常量池加载的常量
340	One AArch64 Port，Not Two	在保留 32 位 ARM 端口和 64 位 AArch64 端口的同时，删除与 ARM64 端口相关的所有源码
341	Default CDS Archives	在 64 位平台上使用默认类列表增强 JDK 构建过程，从而生成类数据共享(CDS)归档
344	Abortable Mixed Collections for G1	如果 G1 混合回收超过暂停目标时，使其可中止
346	Promptly Return Unused Committed Memory from G1	增强 G1 垃圾收集器，以便在空闲时自动将 Java 堆内存返回给操作系统

本书案例的运行环境是 64 位版 Win7，使用的 JDK 版本是 jdk1.8，具体安装步骤如下。

(1) 首先到官网根据操作系统环境下载对应的 jdk1.8 版本，如图 1-4 所示。

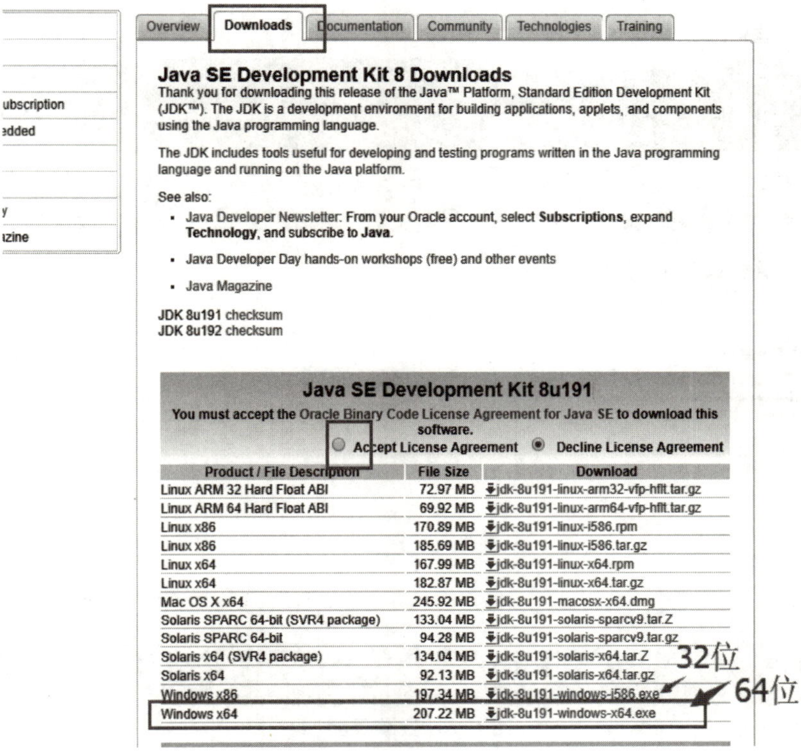

图 1-4　下载页面

（2）接下来只需根据提示进行安装，这里不更换任何配置，直接“下一步”到安装结束，如图 1-5、1-6、1-7 所示。

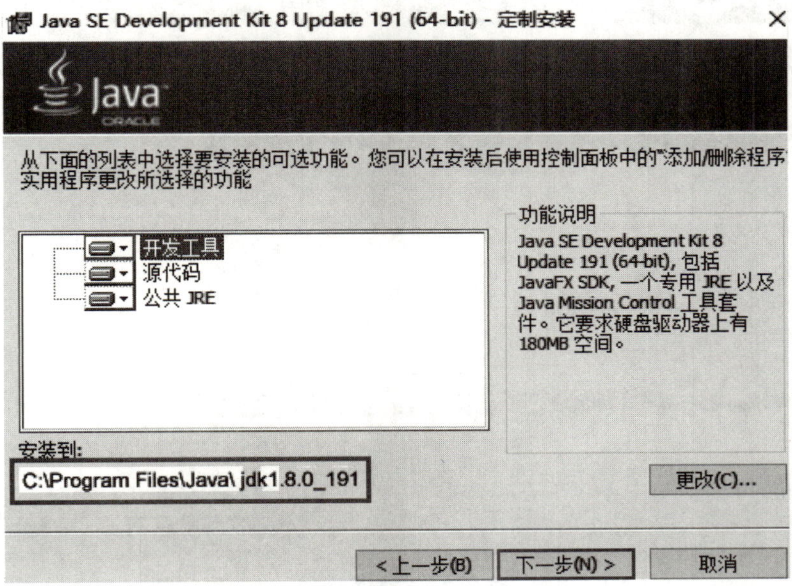

图 1-5　安装界面（1）

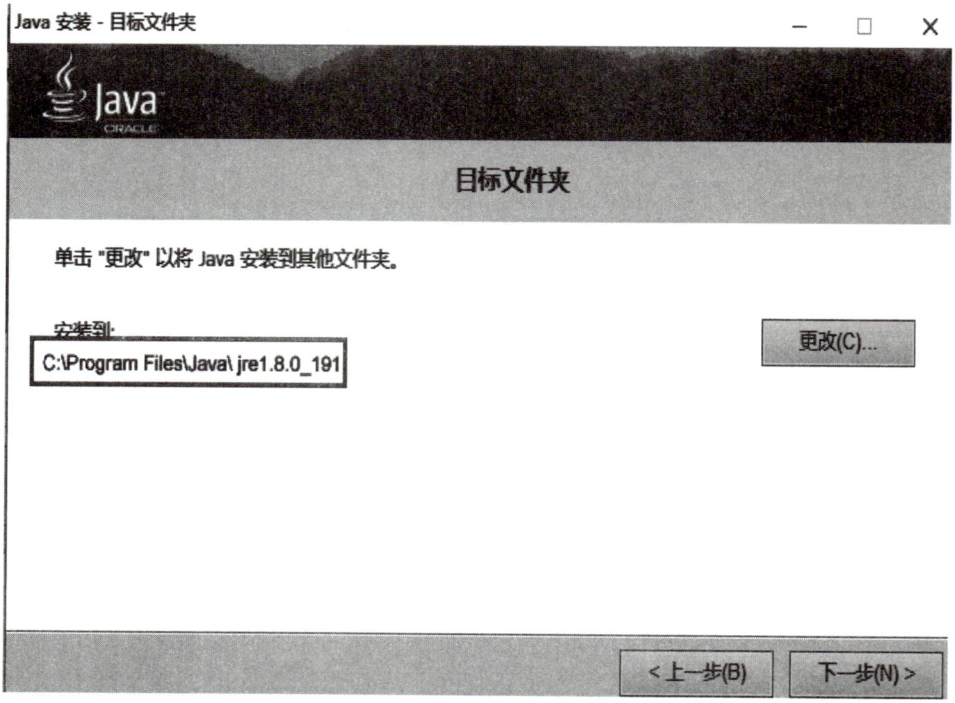

图 1-6　安装界面(2)

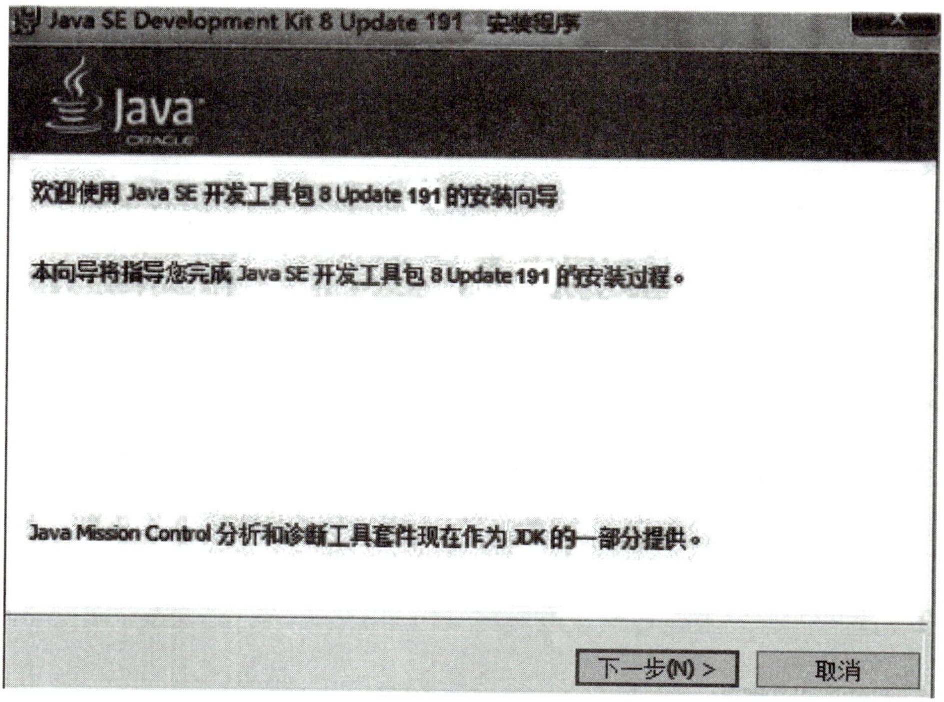

图 1-7　安装界面(3)

1.5　HelloWorld 案例

1.5.1　Java 程序执行流程

Java 程序执行流程如图 1-8 所示。

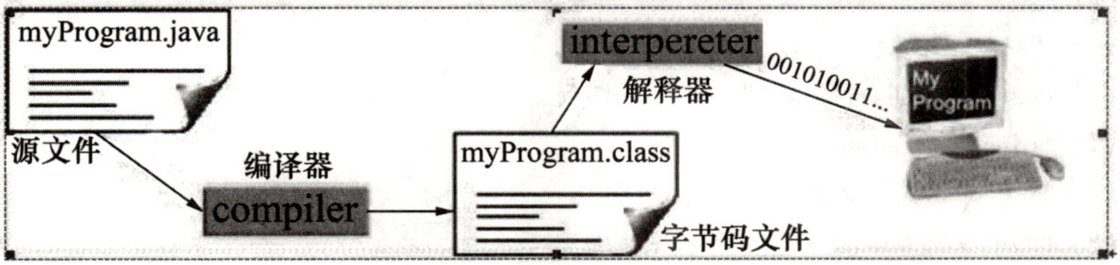

图 1-8　Java 程序执行流程

1.5.2　编写代码步骤

1. 首先定义一个类

即：public class 类名

2. 在类定义后加上一对大括号

即：{ }

3. 在大括号中间添加一个主(main)方法/函数

即：public static void main(String[ ] args){ }

4. 在主方法的大括号中间添加一行输出语句

即：System. out. println("HelloWorld");

文件 1-1　HelloWorld. Java

```
public class HelloWorld {
        public static void main(String[ ] args) {
                System. out. println("HelloWorld");
        }
}
```

1.5.3　运行代码步骤

(1) 在命令行模式中，输入 javac 命令对源代码进行编译，生成字节码文件，即：

```
javac 源文件名 . java
```

(2) 编译完成后，如果没有报错信息，输入 Java 命令对 class 字节码文件进行解释运行，执行时不需要添加 . class 扩展名，即：

java 源文件名

1.5.4 HelloWorld 案例常见问题

1. 找不到文件

（1）文件扩展名隐藏导致编译失败。

（2）文件名写错了。

2. 单词拼写问题

（1）class 写成 Class。

（2）String 写成 string。

（3）System 写成 system。

（4）main 写成 mian。

3. 括号匹配问题

（1）把类体的那对大括号弄掉一个。

（2）把方法体的那对大括号弄掉一个。

（3）把输出语句的那对小括号弄掉一个。

4. 中英文问题

中英文问题主要出现在提示信息，例如，“错误：非法字符：\ ???? 的格式、错误”“编码 GBK 的不可映射字符”，等等。

注意：Java 编程中需要的基本上都是英文字符。

本章小结

本章主要讲解了 Java 语言的发展史，并介绍了 JVM、JRE、JDK 三者之间的关系，JDK 安装的步骤，经典的 HelloWorld 案例。通过本章的学习，结合 HelloWorld 案例，学生需要掌握如何编写程序和调试程序。

习　题

一、简答题

1. 简述 Java 语言的发展史。
2. JVM、JRE、JDK 分别是什么。
3. 编写一个程序，在控制台输出“欢迎来到 Java 世界”。

第 2 章 环境配置与 Eclipse 工具介绍

学习目标

【理解】理解配置环境变量、开发工具使用

(1)【应用】独立配置 path 环境变量。

(2)【应用】熟练使用 Eclipse 开发工具。

2.1 环境变量配置

2.1.1 环境变量配置基本原理

程序的编译和执行需要使用到 javac 和 java 命令，如果不配置环境变量，则应用程序只能在 jdk 安装目录的 bin 目录下编写程序，而实际开发中，不可能把程序写到 bin 目录下，所以为了能让 javac 和 java 命令在任意目录下都能够被访问，需要配置环境变量。

2.1.2 环境变量配置基本步骤

环境变量配置基本步骤如图 2-1 所示。

(1) 创建新的变量名称：JAVA_HOME。

其方法为：计算机→右键属性→高级系统设置→高级→环境变量→系统变量。

(2) 为 JAVA_HOME 添加变量值，即：JDK 安装目录。

本书建议安装目录为：“C:\ Program Files \ Java \ jdk1.8.0_191”。

(3) 在 path 环境变量最前面添加如下内容。

%JAVA_HOME% \ bin;

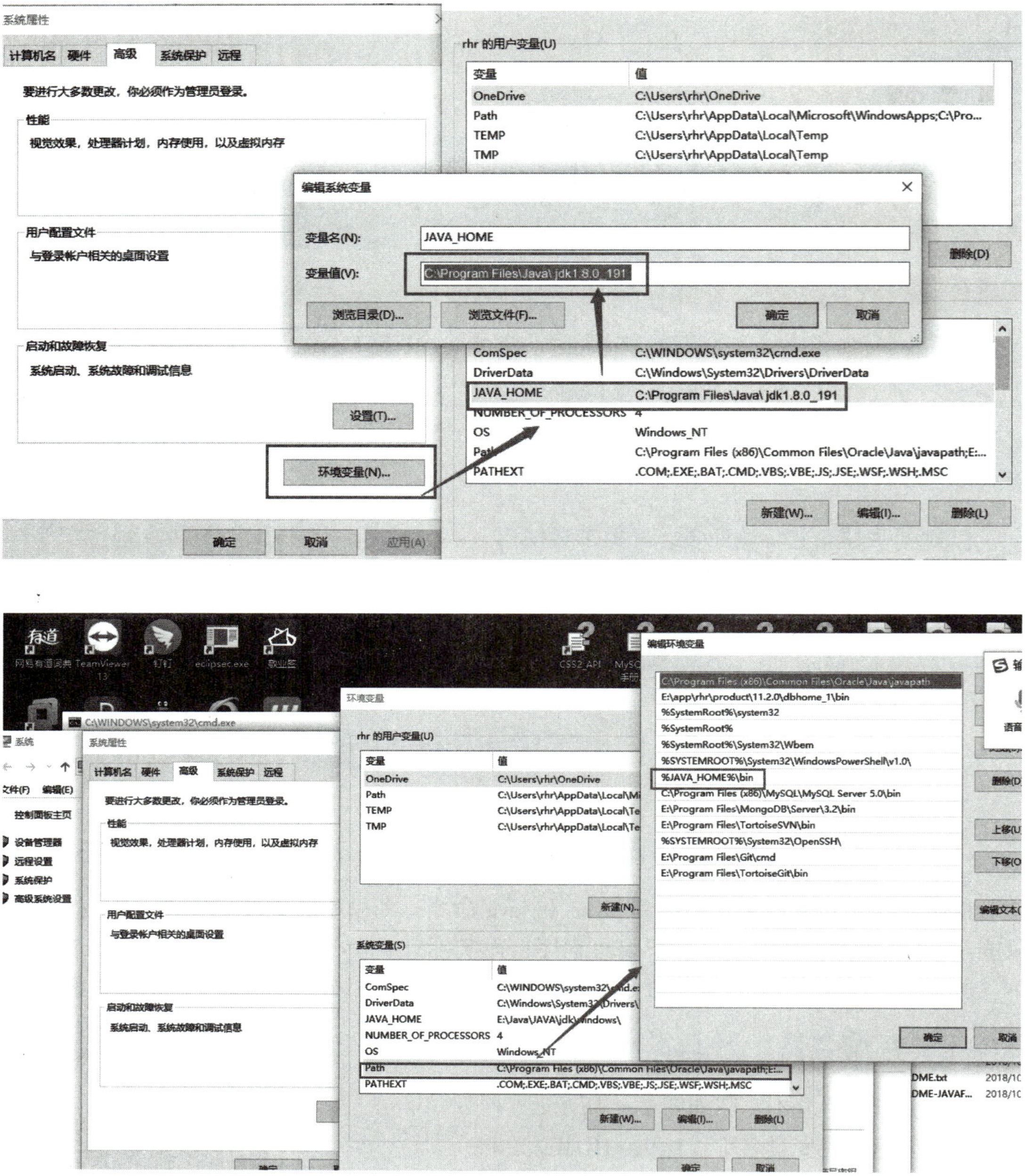

图 2-1　环境变量配置基本步骤

2.2　Eclipse 概述和安装

Eclipse 是一个 IDE(Integrated Development Environment)集成开发环境，是一款集成代码编写功能、分析功能、编译功能、调试功能等于一体的开发软件。

Eclipse 的特点描述如下：免费、纯 Java 语言编写、免安装、扩展性强。

Eclipse 下载地址：http://eclipse.org/

Eclipse 安装：绿色版解压就可以使用 Eclipse，如图 2-2 所示。

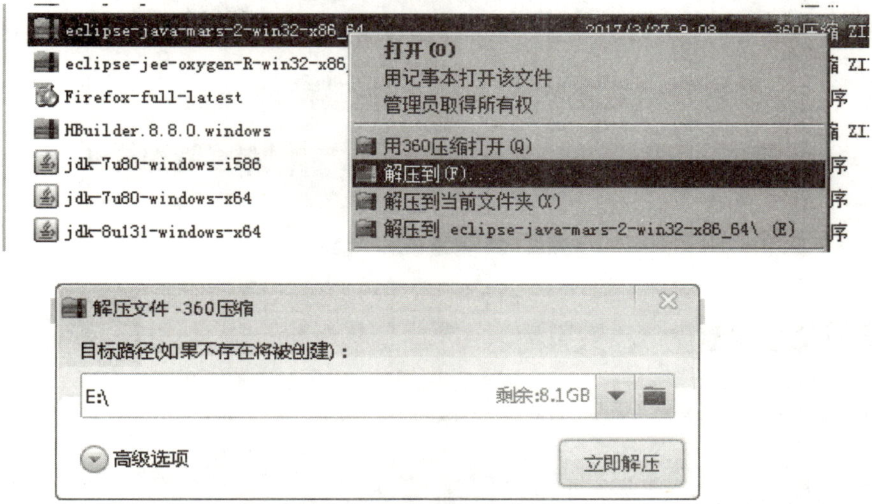

图 2-2　Eclipse 安装

2.3　Eclipse 的基本使用

2.3.1　Eclipse 基本操作

1. 选择工作空间

工作空间——程序员编写应用程序源代码所在的目录(如图 2-3 所示)。

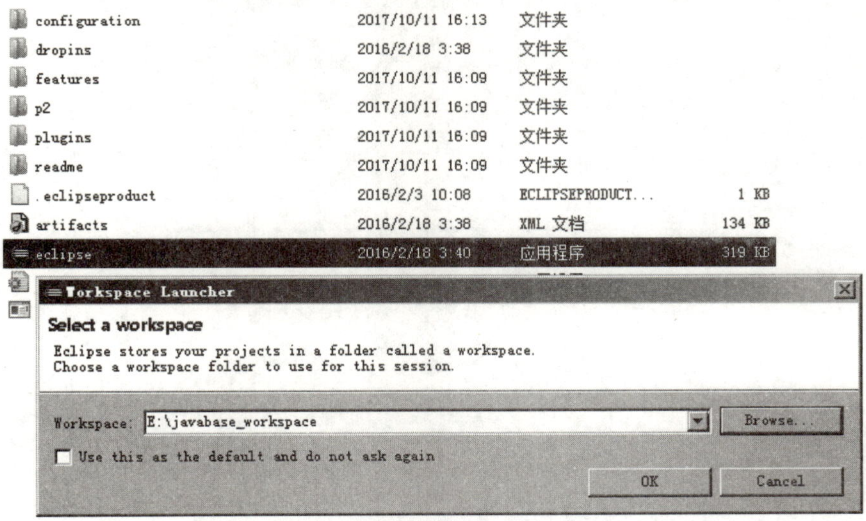

图 2-3　Eclipse 工作空间

2. 用 Eclipse 来完成一个 HelloWorld 案例

(1) 创建 Java 项目：点击 File 或者在最左侧空白处，选择 Java Project(如图 2-4 所示)，在 Project name 中输入项目名称“chapter02”，然后点击 Finish 即可(如图 2-5 所示)。

图 2-4 创建 Java 项目

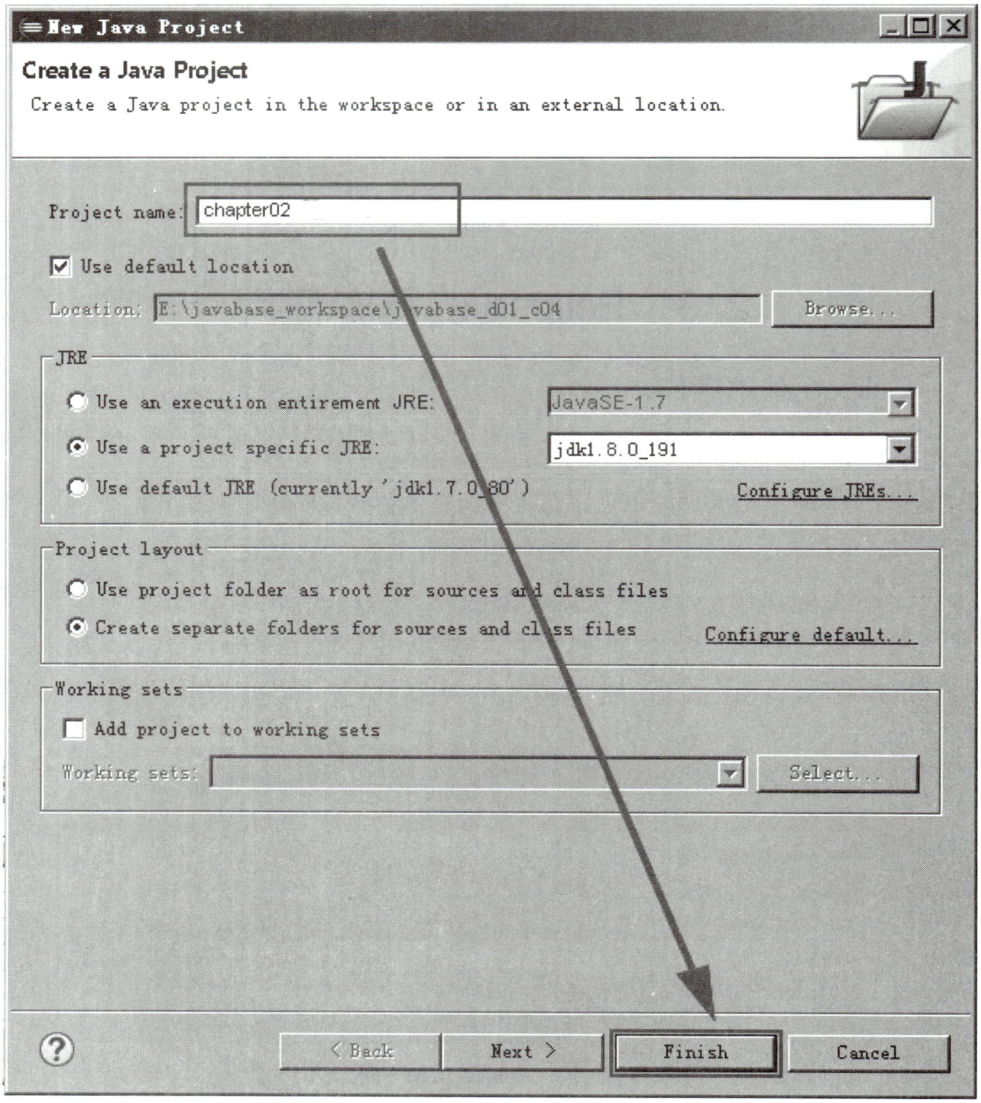

图 2-5 创建新的 Java Project

（2）创建包：展开项目，在 src 目录中新建一个 Package，Package 类似于 Windows 的目录，Package 的 Name 值为：com. igeek_02（如图 2-6 所示），有关 Package 包的概念和使用方法将在第 6 章介绍。

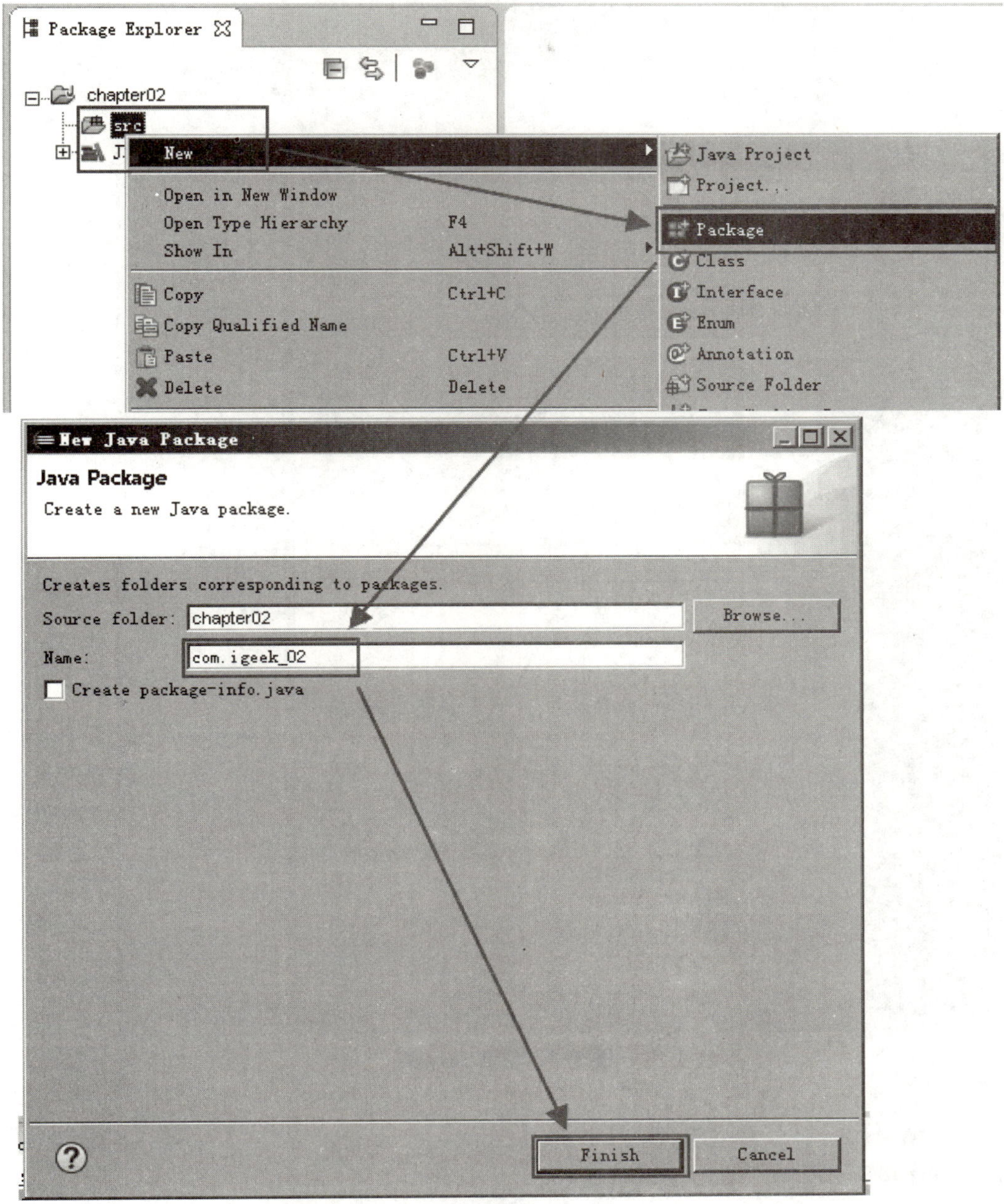

图 2-6　创建 Java 包

（3）创建类：在 com. igeek_02 包中新建一个 Class，Class 的 Name 值为：HelloWorld，然后点击 Finish 即可。（如图 2-7 所示）

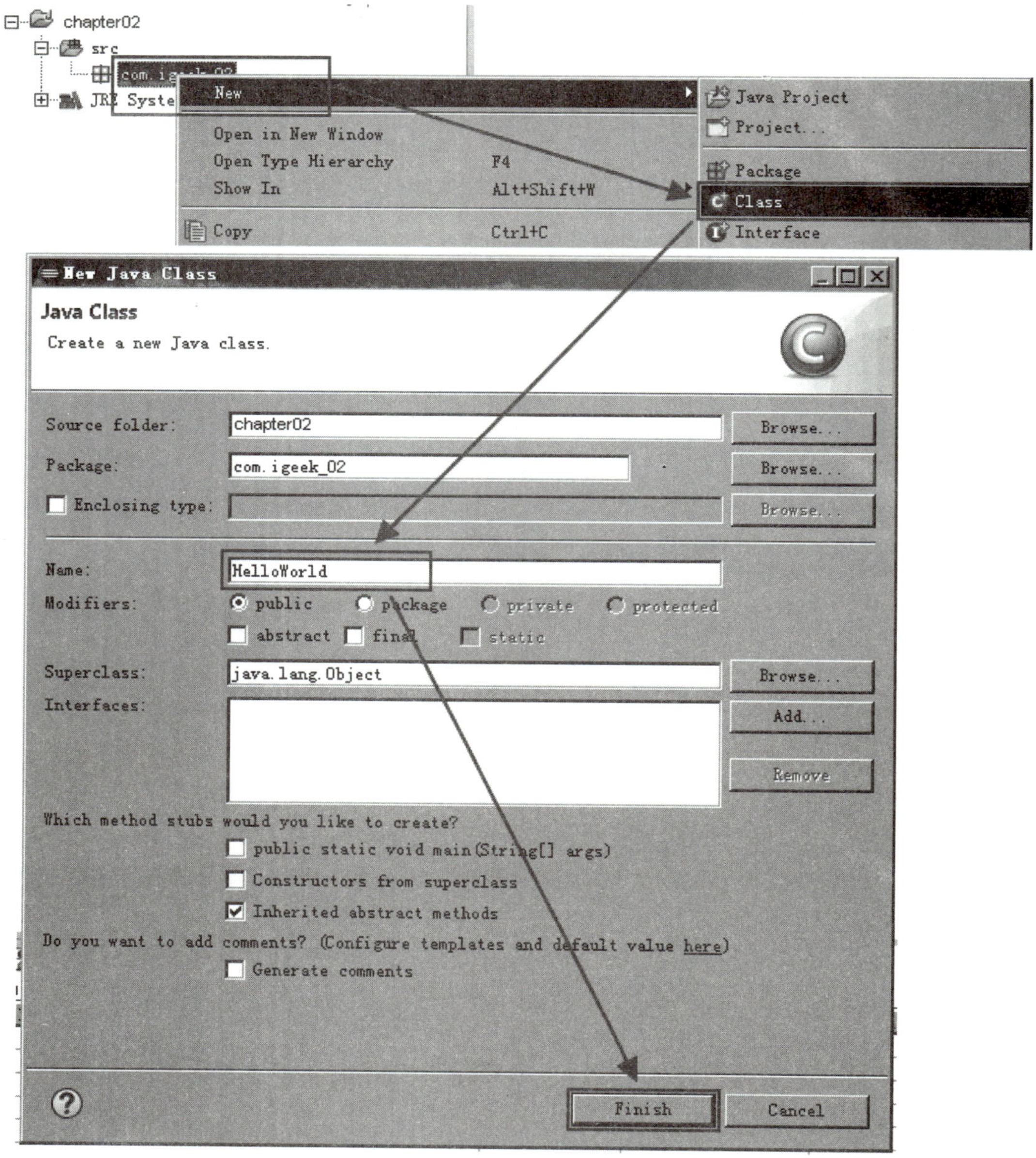

图 2-7 创建 Java 类

（4）编写代码：在 HelloWorld 类写 main 方法，在 main 方法中写一条输出语句：我是极客营程序员，我骄傲，我自豪。

（5）编译：自动编译，在保存的那一刻就已经编译了。

（6）运行：选择要运行的文件或者在要运行的文件内容中，即点击鼠标右键→Run as-Java Application 即可，在控制台可以看到运行结果（如图 2-8 所示）。

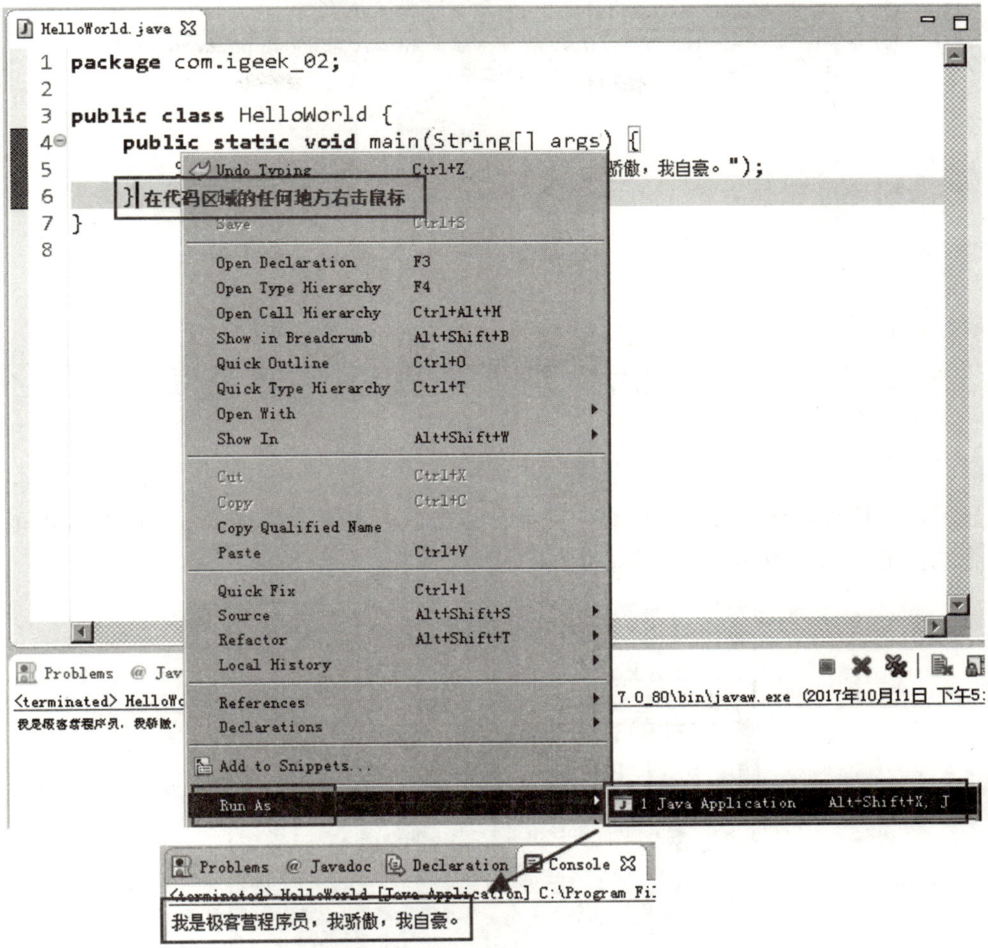

图 2-8　运行 Java 程序

2.3.2　在 Eclipse 开发平台中编写第一个应用程序

文件 2-1 HelloWorld. Java

```
package com. igeek_02;

public class HelloWorld {
    public static void main(String[ ] args) {
        System. out. println("我是极客营程序员,我骄傲,我自豪。");
    }
}
```

程序运行结果如下。

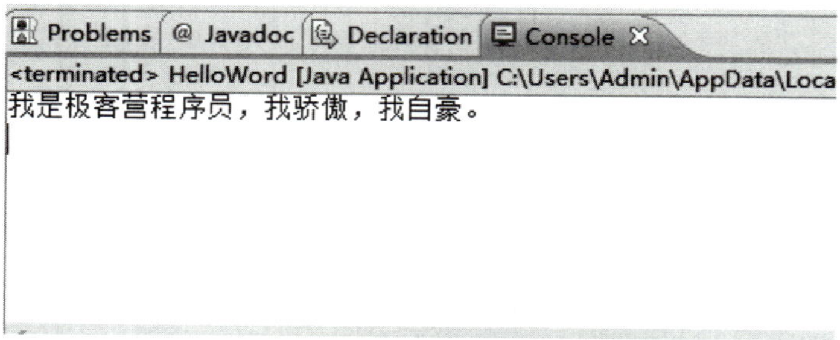

2.4 Eclipse 工作空间的基本配置

1. 行号的显示和隐藏(如图 2-9 所示)

显示：在代码区域的最左边的空白区域，点击鼠标右键→Show Line Numbers 即可。

隐藏：把上面的动作再做一次。

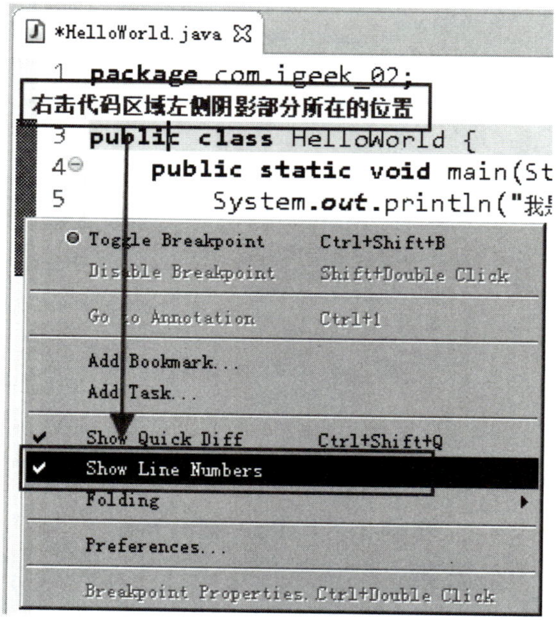

图 2-9　行号的显示和隐藏

2. 字体大小及颜色设置

(1) Java 代码区域的字体大小和颜色设置如图 2-10 所示，即：

Window→Preferences→General→Appearance→Colors And Fonts→Java Edit or Text Font→Edit…

(2) 控制台设置(类似(1)的过程)。

Window→Preferences→General→Appearance→Colors And Fonts→Debug→Console font

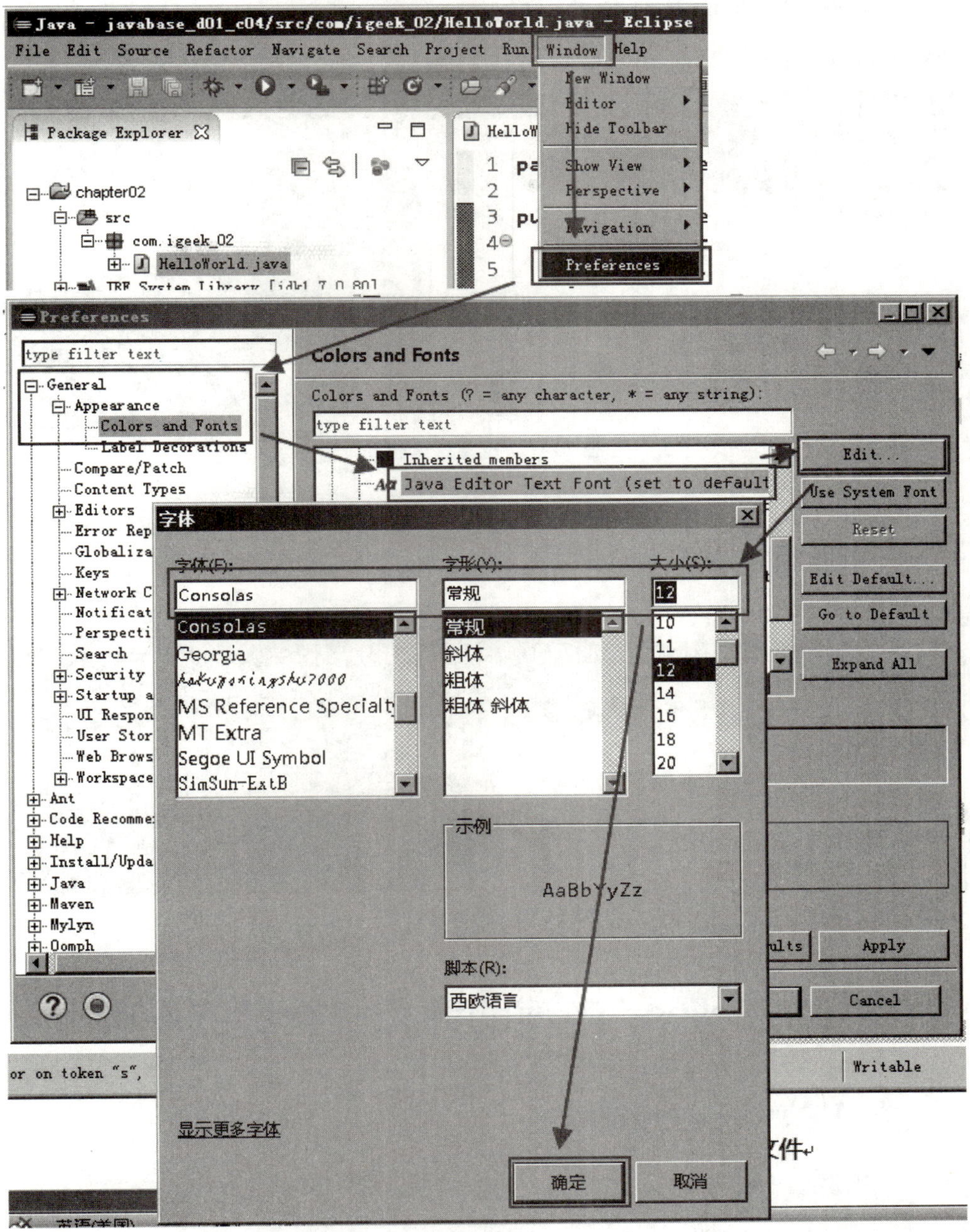

图 2-10　设置 Java 代码区域的字体大小和颜色

(3) 其他文件设置(类似(1)的过程)。

Window→Preferences→General→Appearance→Colors And Fonts→Basic→Text Font

3. 重置窗体布局(如图 2-11 所示)

即：Window→Perspective→Reset Perspective

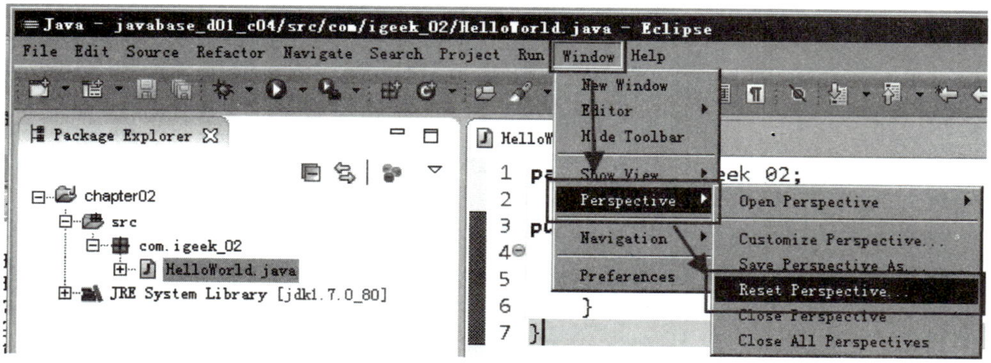

图 2-11 重置窗体布局

4. 打开控制台窗体(如图 2-12 所示)

即：Window→Show View→Console

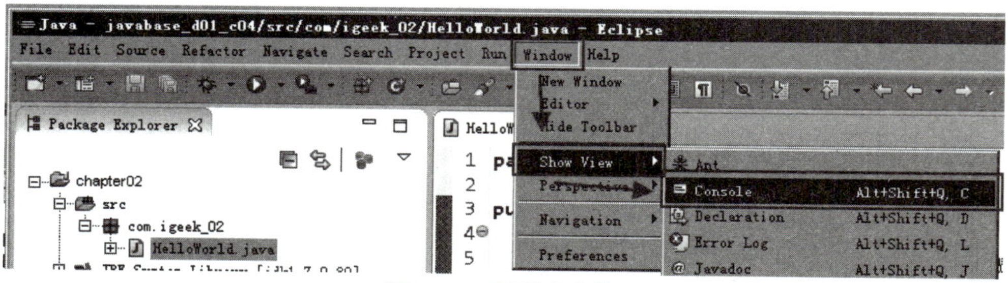

图 2-12 控制台窗体

2.5 Eclipse 中辅助键和快捷键的使用

2.5.1 常用辅助键和快捷键概述

1. 内容辅助键(Alt+/)

(1) 输入语句 main，即 Alt+/：main 方法。

(2) 输出语句 sysout，即 Alt+/：System. out. println()。

2. 快捷键

(1) 单行注释：选中内容，Ctrl+/，如需要取消单行注释，只需重新操作一遍。

(2) 多行注释：选中内容，Ctrl+Shift+/，如需要取消多行注释，Ctrl+Shift+\ 。

(3) 格式化：Ctrl+Shift+F。

2.5.2　案例代码

文件 2-2　HelloWorld. java

```
package com. igeek_03;

/**
 * 内容辅助键:Alt+/
 * (1) 输入语句 main,即 Alt+/:main,回车
 * (2) 输出语句 sysout,即 Alt+/:System. out. println( ); 回车
 *
 * 快捷键:
 * (1) 注释
 * 单行 选中内容,Ctrl+/, 再来一次就是取消
 * 多行 选择内容,Ctrl+Shift+/(选中), Ctrl+Shift+ \(取消)
 * (2) 格式化
 * Ctrl+Shift+F
 */
public class HelloWorld {
    public static void main(String[ ] args) {
        System. out. println("HelloWorld1");
        System. out. println("HelloWorld2");
        System. out. println("HelloWorld3");
        System. out. println("HelloWorld4");
        System. out. println("HelloWorld5");
    }
}
```

运行结果如下。

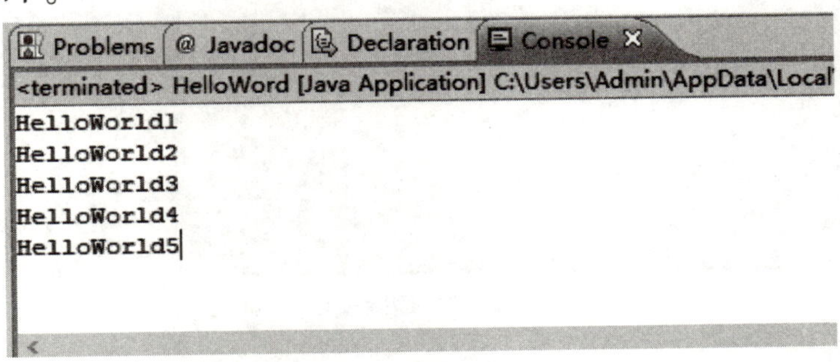

2.6 Eclipse 中项目的删除和导入

1. 删除项目

选中项目→点击鼠标右键→点击删除，弹出一个对话框，有一个复选框：从项目区域中删除或从硬盘上删除，读者可以根据实际情况选择操作。(如图 2-13 所示)

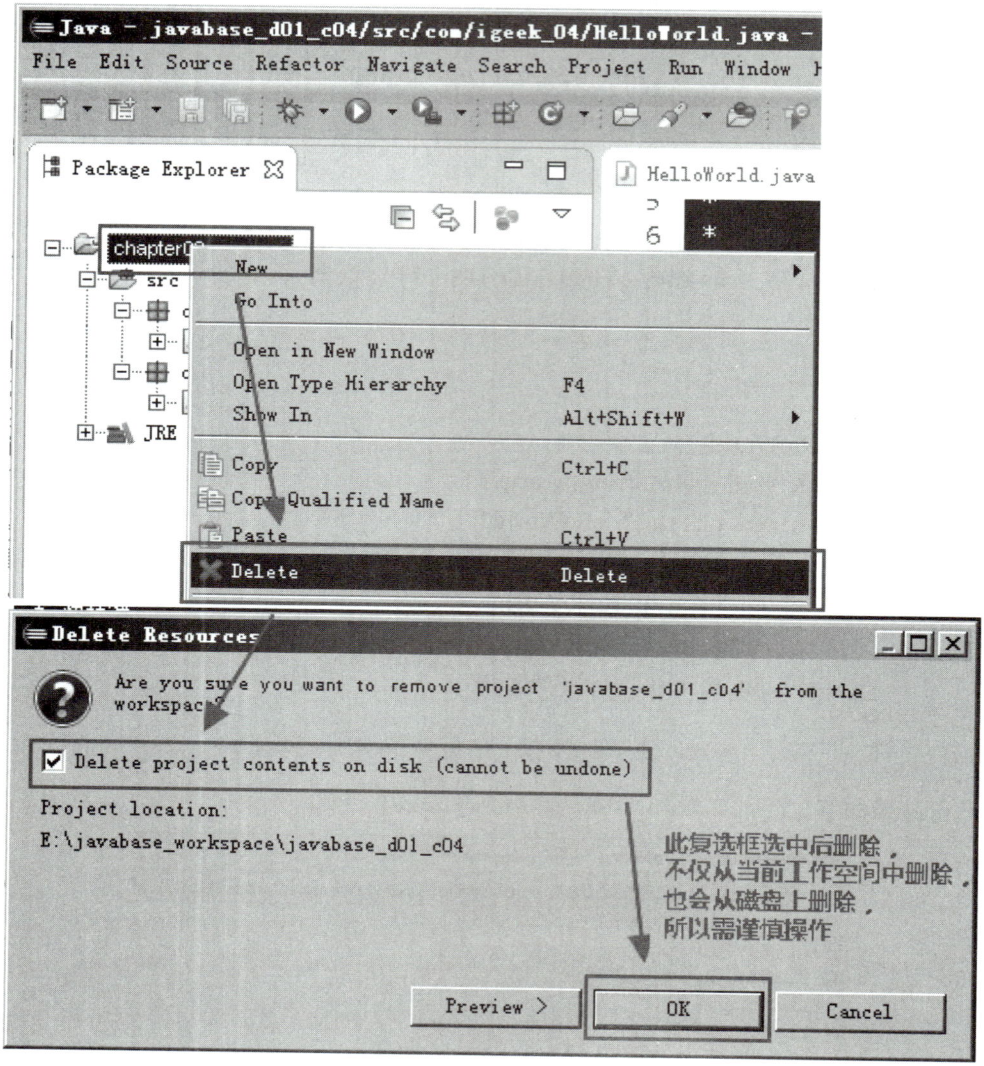

图 2-13 删除项目

2. 导入项目

(1) 在项目区域点击鼠标右键，找到 Import 菜单。

(2) 找到 General，展开，并找到 Existing Projects into Workspace。

（3）点击 Next，然后选择你要导入的项目。

注意：这里选择的是项目名称(如图 2-14 所示)。

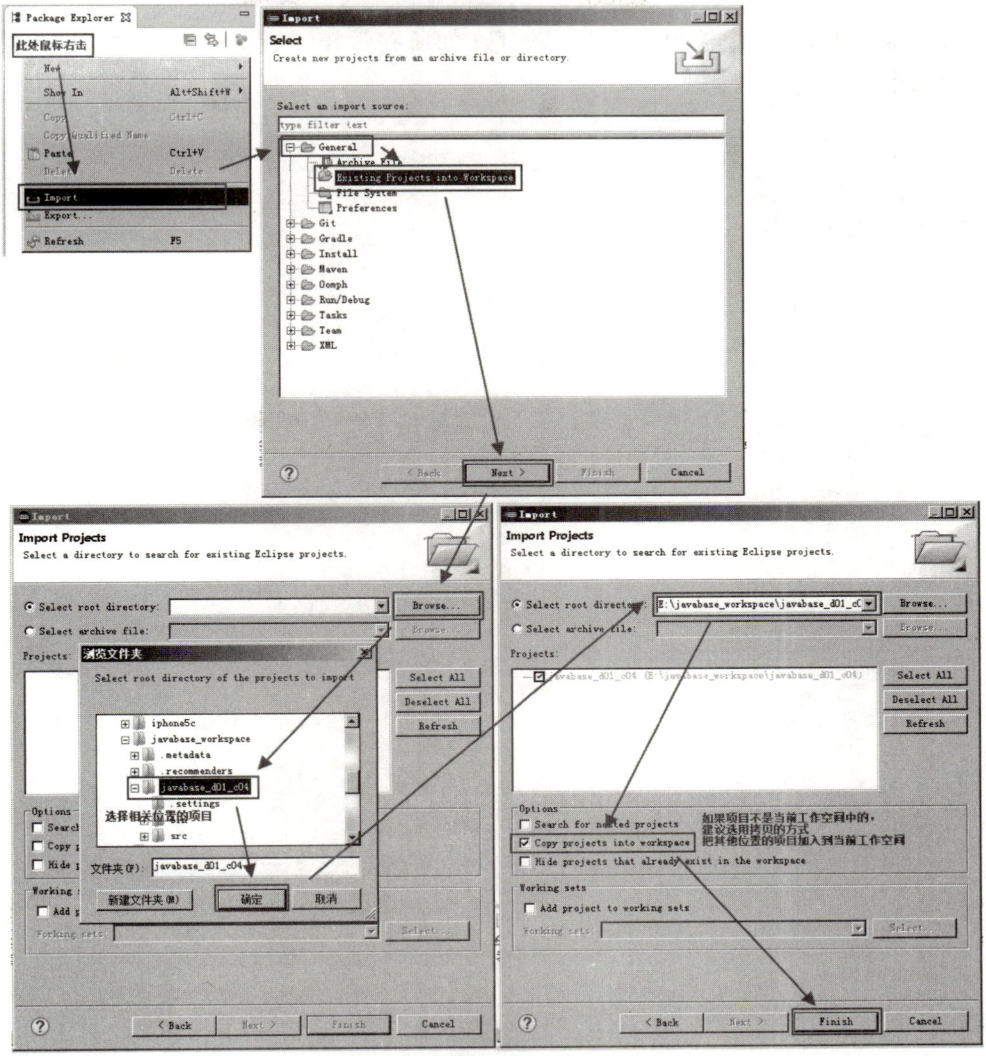

图 2-14　导入项目

本章小结

本章主要讲解了如何配置 path 环境变量以及 Eclipse 开发工具的使用。通过本章的学习，结合一些案例进一步掌握 Eclipse 的基本操作。

习 题

在 Eclipse 中编写一个输出个人基本信息(如所在学校、所属专业、姓名和年龄)的Java应用程序。

第 3 章

Java 基础语法

学习目标

【理解】注释、关键字、常量、变量、数据类型、标识符

(1)【理解】阐述注释、关键字的作用及分类、特点。

(2)【理解】阐述常量的特点及分类。

(3)【理解】阐述变量的作用及定义格式。

(4)【理解】阐述数据类型分类。

(5)【理解】阐述标识符的组成规则及其注意事项。

(6)【应用】能够定义变量,使用变量。

(7)【理解】阐述数据类型转换之隐式数据类型转换和强制数据类型转换的方式及其注意事项。

3.1 注 释

3.1.1 注释概述

在应用程序中注释是用于解释或说明程序的文字,注释内容不会被编译器编译,它的主要作用是提高程序的阅读性。Java 中包含以下三种注释方式。

1. 单行注释

格式://注释文字

2. 多行注释

格式:/* 注释文字 */

3. 文档注释

格式:/** 文档注释 */

修改原有的 HelloWorld. java 程序，添加注释，加以说明。

文件 3-1 HelloWorld. java

```
/**
  注释:用于解释说明程序的文字
  分类:
      (1) 单行
      (2) 多行
      (3) 文档注释
  作用:解释说明程序,提高程序的阅读性
*/
//这是我的 HelloWorld 案例
public class HelloWorld {
  /*
      这是 main 方法
      main 是程序的入口方法
      所有代码的执行都是从 main 方法开始的
  */
  public static void main(String[ ] args) {
      //这是输出语句
      System. out. println("HelloWorld");
  }
}
```

3.2 关键字

文件 3-2 HelloWorld. java

```
/*
    关键字:被 Java 语言赋予特定含义的单词

    特点:
        (1) 组成关键字的字母全部小写
        (2) 常见的代码编辑器,针对关键字有特殊的颜色标记
*/
public class HelloWorld {
    public static void main(String[ ]args) {
        System. out. println("HelloWorld");
    }
}
```

3.2.1 关键字概述

在 Java 应用程序中有一些特殊的符号，如上述文件中的 public、class、static、void 等，这些符号被 Java 语言赋予特定含义，它们被称为关键字。表 3-1 列出了 Java 编程语言的关键字。

表 3-1 Java 编程语言的关键字

用于定义数据类型的关键字				
class	interface	byte	short	int
long	float	double	char	boolean
void				
用于定义数据类型值的关键字				
true	false	null		
用于定义流程控制的关键字				
if	else	switch	case	default
while	do	for	break	continue
return				
用于定义访问权限修饰符的关键字				
private	protected	public		
用于定义类、函数、变量修饰符的关键字				
abstract	final	static	synchronized	
用于定义类与类(接口)之间关系的关键字				
extends	implements			
用于定义建立实例及引用实例，判断实例的关键字				
new	this	super	instanceof	
用于导常处理的关键字				
try	catch	finally	throw	throws
用于包的关键字				
package	import			
其他修饰符关键字				
native	strictfp	transient	volatile	assert

3.2.2 关键字特点

(1) 组成关键字的字母全部小写。

(2) 常用的代码编辑器，针对关键字有特殊的颜色标记，非常直观，所以我们不需要去死记硬背，在今后的学习中重要的关键字也会不断地出现。

3.3 常　量

3.3.1　常量概述

在程序执行的过程中，其值不可以发生改变的量称为常量。

3.3.2　常量分类

(1) 字符串常量是用双引号括起来的内容(如“HelloWorld”)。

(2) 整数常量表示所有整数(如 12，-23)。

(3) 小数常量表示所有小数(如 12.34)。

(4) 字符常量用单引号括起来的内容(如‘a’，‘A’，‘0’)。

(5) 布尔常量较为特殊，只有 true 和 false。

(6) 空常量 null 表示没有的意思。

文件 3-3　ChangLiang.java

```
/*
    常量:在程序执行的过程中,其值不可以发生改变的量

    常量分类:
        (1) 字符串常量"HelloWorld"
        (2) 整数常量 12, - 23
        (3) 小数常量 12.34
        (4) 字符常量'a' , '0'
        (5) 布尔常量 true, false
        (6) 空常量 null(后面讲解)
*/
public class ChangLiang {
    public static void main(String[ ] args) {
        //字符串常量
        System.out.println("HelloWorld");

        //整数常量
        System.out.println(12);
        System.out.println(- 23);

        //小数常量
```

```
        System. out. println(12. 34);

        //字符常量
        System. out. println('a' );
        System. out. println('0' );

        //布尔常量
        System. out. println(true);
        System. out. println(false);
    }
}
```

运行结果如下。

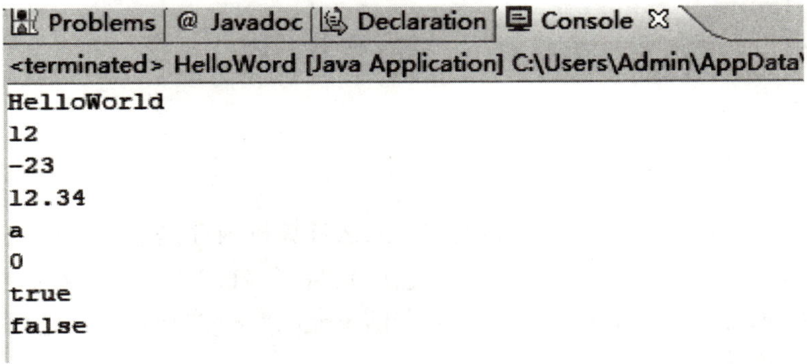

3.4　变　量

3.4.1　变量概述

在程序执行的过程中，在某个范围内其值可以发生改变的量称为变量。

从本质上讲，变量其实是内存中的一小块区域。

3.4.2　变量定义格式

数据类型　变量名=初始化值;

注意：格式是固定的，记住格式，以不变应万变。

3.4.3 变量图解

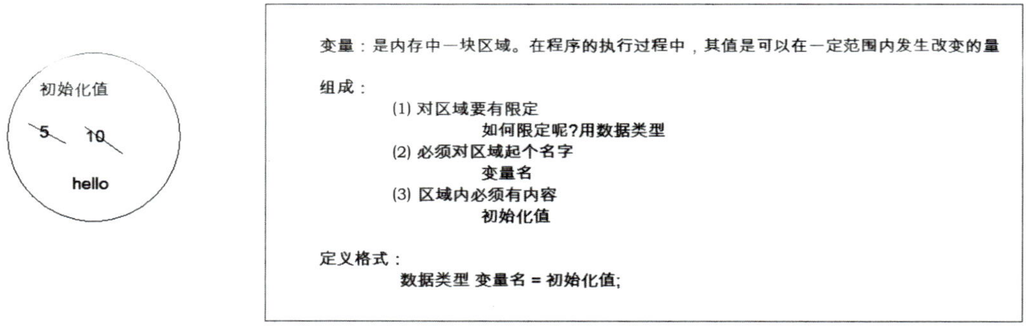

图 3-1　变量图解

3.5 数据类型

3.5.1 计算机存储单元

变量是内存中的小容器，用来存储数据。那么计算机内存是怎么存储数据的呢？无论是内存还是硬盘，计算机存储设备的最小信息单元叫“位(bit)”，我们又称之为“比特位”，通常用小写的字母 b 表示。而计算机最小的存储单元叫“字节(Byte)”，通常用大写字母 B 表示，字节是由连续的 8 个位组成。

3.5.2 数据类型概述和分类

Java 语言是强类型语言，对于每一种数据都定义了明确的具体数据类型，在内存中分配了不同大小的内存空间。Java 中数据类型分为：基本数据类型和引用数据类型，如图 3-2 所示。基本数据类型介绍如表 3-2 所示。

- 数据类型
  - 基本数据类型
    - 数值型
      - 整数类型(byte，short，int，long)
      - 浮点类型(float，double)
    - 字符型(char)
    - 布尔型(boolean)
  - 引用数据类型
    - 类(class)
    - 接口(interface)
    - 数据([ ])

图 3-2　Java 的数据类型

表 3-2　基本数据类型介绍

四类	八种	字节数	数据表示范围
整型	byte	1	-128～127
	short	2	-32768～32767
	int	4	-2147483648～2147483648
	long	8	$-2^{63}\sim2^{63}-1$
浮点型	float	4	-3.403E38～3.403E38
	double	8	-1.798E308～1.798E308
字符型	char	2	表示一个字符，如('a'，'A'，'0'，'家')
布尔型	boolean	1	只有两个值 true 与 false

3.6　标识符

3.6.1　标识符概述

1. 作用

标识符的作用主要是为包、类、常量、变量、方法等命名，用于标识它们。

2. 组成规则

(1) 由字符(字母、数字)、下划线(_)、美元符($)组成。

(2) 不能以数字开头。

(3) 不能是 Java 中的关键字。

例如：

合法的标识符有 yourname、your_name、_yourname、 $yourname 等；

非法的标识符有 class、67.9、Hello Careers 等。

3.6.2　标识符命名原则

标识符的命名原则主要是“见名知意”。

1. 包

最好是公司域名倒置，要求所有的字母小写，如：公司域名是 igeek.com，则包名为 com.igeek。

2. 类或者接口

如果是一个单词，则单词的首字母大写；如果是多个单词组成，则每个单词的首字母大写(驼峰标识)。

3. 方法或者变量

如果是一个单词，则全部小写；如果是多个单词组成，则从第二个单词起首字母大写

4. 常量

如果是一个单词，则所有字母大写；如果是多个单词组成，则所有的单词大写，然后用下画线连接每个单词。

文件 3-4　BiaoShiFu. java

```
/*
    标识符:就是给包,类,方法,变量起名字的符号

    组成规则:
        (1) Unicode 字符
        数字字符,英文大小写,汉字(不建议使用汉字)
        (2) 下划线_
        (3) 美元符 $

    注意事项:
        (1) 不能以数字开头
        (2) 不能是 Java 中的关键字

    常见命名规则:
        (1) 基本要求
            见名知意
        (2) 常见的命名
            ① 包(其实就是文件夹,用于对类进行管理)
                全部小写,多级包用 . 隔开
                举例:com,com. igeek
            ② 类
                一个单词首字母大写
                    举例:Student, Car
                多个单词每个单词的首字母大写
                    举例:HelloWorld
            ③ 方法和变量
                一个单词全部小写
                    举例:age, show( )
                多个单词从第二个单词开始每个单词的首字母大写
                    举例:maxAge, getAge( )
            ④ 常量
                所有字母大写
*/
public class BiaoShiFu {
```

```
    public static void main(String[ ] args) {
        //定义变量
        //数据类型变量名=初始化值;
        int a=10;

        //正确
        int b2=20;
        //错误
        //int 2b=30;

        //不能是 java 中的关键字
        //错误
        //int public=40;
    }
}
```

3.7　定义变量

3.7.1　基本数据类型变量的定义和使用

变量的定义格式如下。

数据类型　变量名=初始化值;

基本数据类型如下。

byte、short、int、long、float、double、char、boolean

注意:

① 整数默认是 int 类型，定义 long 类型的数据时，要在数据后面加 L;

② 浮点数默认是 double 类型，定义 float 类型的数据时，要在数据后面加 F。

文件 3-5　VariableDemo. java

```
public class VariableDemo {
    public static void main(String[ ] args) {
        //定义 byte 类型的变量
        byte b=10;
        System.out.println(10);
        System.out.println(b);

        //定义 short 类型的变量
        short s=100;
```

```
        System. out. println(s);

        //定义 int 类型的变量
        int i=10000;
        System. out. println(i);

        //定义 long 类型的变量
        long l=1000000000000000L;
        System. out. println(l);

        //定义 float 类型的变量
        float f=12. 34F;
        System. out. println(f);

        //定义 double 类型的变量
        double d=12. 34;
        System. out. println(d);

        //定义 char 类型的变量
        char c='a';
        System. out. println(c);

        //定义 boolean 类型的变量
        boolean bb=false;
        System. out. println(bb);
    }
}
```

运行结果如下。

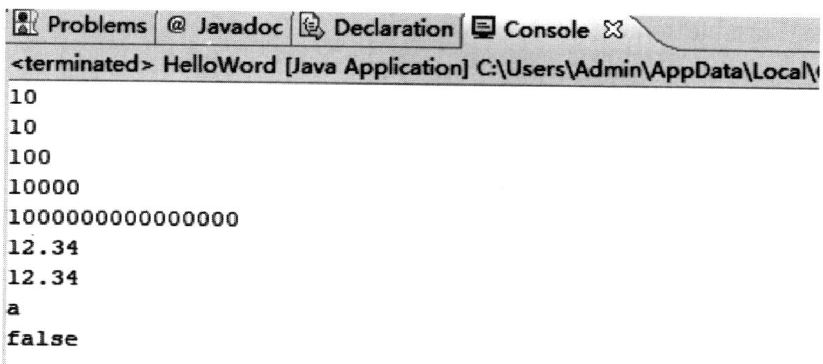

3.7.2　变量定义的注意事项

（1）变量未赋值，不能直接使用。

（2）变量只在它所属的范围内有效，即变量在哪对大括号内，变量的作用范围就局限在哪对大括号内。

（3）一行上可以定义多个变量，但是不建议这样。

文件 3-6　VariableDemo2. java

```
/*
    变量定义注意事项:
        (1) 变量未赋值,不能直接使用
        (2) 变量只在它所属的范围内有效,即变量属于它所在的那对大括号
        (3) 一行上可以定义多个变量,但是不建议这样
*/
public class VariableDemo2 {
    public static void main(String[ ] args) {
        //定义变量
        int a=10;
        System. out. println(a);

        int b;
        b=20; //变量在使用前赋值都是可以的
        System. out. println(b);

        {
            int c=100;
            System. out. println(c);
        }
        //System. out. println(c);

        /*
        int aa, bb, cc;
        aa=10;
        bb=20;
        cc=30;
        */
```

```
        /*
        int aa=10;
        int bb=20;
        int cc=30;
        */

        int aa=10, bb=20, cc=30;
    }
}
```

3.8 数据类型转换

3.8.1 隐式数据类型转换

取值范围小的数据类型与取值范围大的数据类型进行运算，会先将小的数据类型提升为大的，再运算。隐式数据类型转换图如图 3-3 所示。

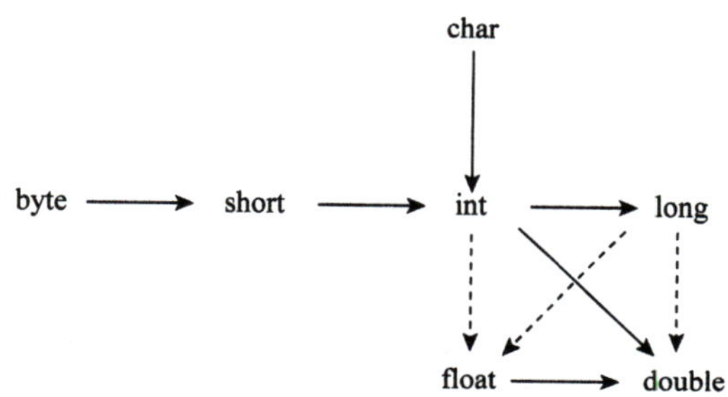

图 3-3 隐式数据类型转换图

文件 3-7 TypeCastDemo. java

```
/*
    +:是一个运算符,做加法运算的
    我们在做运算的时候,一般要求参与运算的数据类型必须一致

    类型转换:
        隐式转换
        强制转换

    隐式转换
        byte, short, char→int→long→float→double
*/
```

```
public class TypeCastDemo {
    public static void main(String[ ] args) {
        //直接输出运算的结果
        System. out. println(3+4);

        //定义两个 int 类型的变量
        int a=3;
        int b=4;
        int c=a+b;
        System. out. println(c);

        //定义一个 byte 类型,定义一个 int 类型
        byte bb=2;
        int cc=5;
        System. out. println(bb+cc);

        //能不能不直接输出,用一个变量接受呢?
        //用变量接受,这个变量应该有类型
        //可能损失精度
        //byte dd=bb+cc;
        int dd=bb+cc;
        System. out. println(dd);
    }
}
```

运行结果如下。

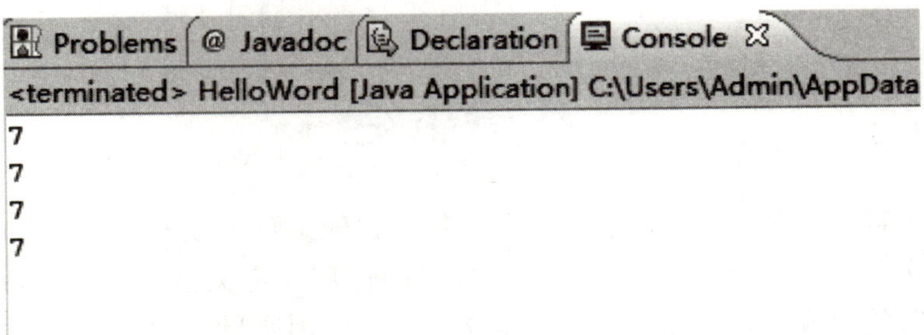

3.8.2　强制类型数据转换

取值范围小的数据类型与取值范围大的数据类型进行运算，如果将取值范围大的数据类型转换成取值范围小的数据类型，则必须进行强制类型转换。其转换格式为：

(类型名)表达式;

如 int a；byte b=(byte)a；

强制转换的注意事项：强制类型转换会造成数据精度损失。

文件 3-8　TypeCastDemo2. java

```
/*
    强制转换:
        目标类型变量名=(目标类型)(被转换的数据);
    不建议强制转换,因为会有精度的损失
*/
public class TypeCastDemo2 {
    public static void main(String[ ] args) {
        int a=3;
        byte b=4;
        int c=a+b;
        //byte d=a+b;
        byte d=(byte) (a+b);
        System.out.println(d);      }
}
```

运行结果如下。

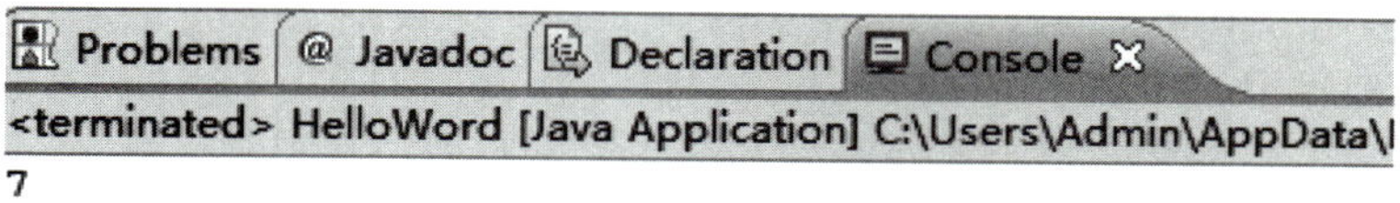

本章小结

本章主要讲解了注释、关键字、常量及变量。首先讲解了注释、关键字的作用及其分类和特点，其次介绍了常量的特点及分类，变量的作用及定义格式，以及数据类型分类，最后介绍标识符的组成规则及注意事项，定义变量，使用变量，数据类型转换之隐式数据类型转换和强制数据类型转换的方式及注意事项。通过本章的学习，结合不同的案例，让读者进一步掌握常量、变量、数据类型及标识符等的使用方法。

习 题

一、选择题

1. 下列(　　)是合法的标识符。

A. 12class　　B. void　　C. -5　　D. _blank

2. 下列(　　)不是 Java 中的保留字。

A. if　　B. sizeof　　C. private　　D. null

3. 下列(　　)不是合法的标识符。

A. $million　　B. $_million　　C. 2$_million　　D. $2_million

4. 下列选项中，(　　)不属于 Java 语言的基本数据类型。

A. 整数型　　B. 数组　　C. 浮点型　　D. 字符型

5. 下列关于基本数据类型的说法中，不正确的一项是(　　)。

A. boolean 类型变量的值只能取真或假

B. float 是带符号的 32 位浮点数

C. double 是带符号的 64 位浮点数

D. char 是 8 位 Unicode 字符

6. 下列关于基本数据类型的取值范围的描述中，正确的是(　　)。

A. byte 类型的取值范围是-128~128

B. boolean 类型的取值范围是真或假

C. char 类型的取值范围是 0~65536

D. short 类型的取值范围是-32767~32767

7. 下列关于 Java 语言简单数据类型的说法中，正确的一项是(　　)。

A. 以 0 开头的整数代表 8 进制整型常量

B. 以 0x 或 0X 开头的整数代表 8 进制整型常量

C. boolean 类型的数据作为类成员变量的时候，相同默认的初始值为 true

D. double 型数据占计算机存储的 32 位

8. 下列 Java 语句中，不正确的一项是(　　)。

A. $e, a, b=10;　　B. char c, d='a';

C. float e=0.0d;　　D. double c=0.0f;

9. 设 a、b 为 long 型变量，x、y 为 float 型变量，ch 为 char 类型变量且它们均已被赋值，则下列语句中正确的是(　　)。

A. switch(x+y) {}　　B. switch(ch+1) {}

C. switch ch {}　　D. switch(a+b); {}

10. 下列语句中不正确的是(　　)。

A. float f=1.1f;　　B. byte b=128;

C. double d=1.1/0.0;　　D. char c=(char)1.1f;

二、填空题

1. 变量是 Java 程序的基本存储单元之一，变量的主要类型包括两大类：________和________。

2. Java 语言的整数类型变量和常量一样，各自都包括四种类型的数据，它们分别是 byte、________、________和 long。

3. ________类型数据不可以做类型转换。

4. 在 Java 语言的基本数据类型中，占存储空间最少的类型是________，该类型占用的存储空间为________位。

5. Java 语言中的________具有特殊意义和作用，不能作为普通标识符使用。

6. 在 Java 语言中，浮点类型数据属于实型数据，可以分为________和________两种。

7. char 类型的数据可以表示的字符数共为________。

8. 定义初始值为 10 的 8 次方的常整型变量 iLong 的语句是________。

9. Java 语言中的数据类型转换包括________和________ 两种。

10. Java 中的字符采用的是 16 位的________编码。

11. 数据类型中存储空间均为 64 位的两种数据类型是________和________。

12. 表达式“9 * 4/-5%5”的值为________。(十进制表示)

13. 表达式“5&2”的值为________。(十进制表示)

14. 表达式“42<<4”的值为________。(十进制表示)

15. 表达式“11010011>>>3”的值为________。(二进制表示)

16. 表达式“7 | 3”的值为________。(十进制表示)

17. 表达式“10^2”的值为________。(十进制表示)

18. Java 语言中的逻辑与(&&)和逻辑或(| |)运算采用________方式进行运算。

19. 若 a、b 为 int 型变量，并且已分别赋值为 5 和 10，则表达式“(a++)+(++b)+a * b”的值为________。

20. 假设 i=10，j=20，k=30，则表达式“！(i<j+k) ‖！(i+10<=j)”的值为________。

三、判断题

1. Java 语言使用的是 Unicode 字符集，每个字符在内存中占 8 位。 ( )
2. Java 语言中不同数据类型的长度是固定的，不随机器硬件不同而改变。 ( )
3. 所有的变量在使用前都必须进行初始化。 ( )
4. 已知“byte i=(byte)127；i=i+1;”这两个语句能被成功编译。 ( )
5. String str="abcdefghi"；char chr=str. charAt(9)； ( )
6. int i，j；boolean booleanValue=(i==j)； ( )
7. int int Array[ ]={0，2，4，6，8}；int length=int Array. length()； ( )
8. String str="abcedf"；int length=str. length； ( )
9. short shortValue=220；byte byteValue=shortValue； ( )
10. int[ ] int Array[60]； ( )

四、程序题

输入扇形的半径和角度，在控制台输出扇形的周长和面积。要求：扇形的周长只保留整数部分，舍掉小数部分。

第 4 章

Java 流控语句

学习目标

1.【应用】能够独立使用选择流程语句完成指定操作

（1）【理解】阐述 if 语句的的三种书写格式及执行流程。

（2）【应用】独立编写代码，使用 if 语句完成获取两个数较大值的练习。

（3）【应用】独立编写代码，使用 if 语句完成判断学生等级练习。

（4）【理解】阐述 switch 语句的的格式及执行流程。

（5）【应用】独立编写代码，使用 switch 语句完成根据数字输出对应星期的练习。

2.【理解】能够独立使用循环控制语句完成指定操作

（1）【理解】阐述使用 for 循环的基本格式及执行流程。

（2）【应用】独立编写代码，使用 for 循环计算 1~5 之间的数据之和。

（3）【应用】独立编写代码，使用 for 循环完成获取 1~100 之间所有的偶数之和。

（4）【应用】独立编写代码，使用 for 循环完成控制台打印 100~999 之间水仙花数，并获取水仙花个数练习。

（5）【理解】阐述 while 循环的基本格式及执行流程。

（6）【应用】独立编写代码，使用 while 循环计算 1~100 之间的数据之和。

（7）【理解】阐述 do…while 循环的格式及执行流程。

（8）【理解】阐述 for、while、do…while 三种循环的区别。

3.【应用】能够灵活使用控制循环语句

（1）【理解】阐述 break 的作用及使用场景。

（2）【理解】阐述 continue 的作用及使用场景。

4.1　顺序结构的基本使用

4.1.1　顺序结构概述

顺序结构是程序中最简单、最基本的流程控制，没有特定的语法结构，按照代码的先后顺序，依次执行，其流程图如图 4-1 所示。

4.1.2　顺序结构流程图

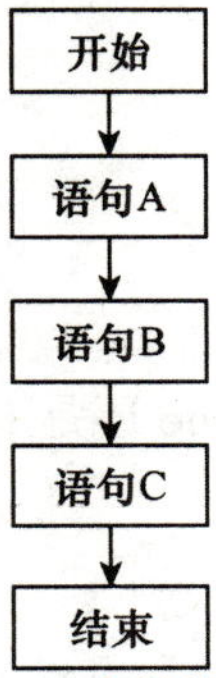

图 4-1　顺序结构流程图

4.1.3　顺序打印输出

文件 4-1　OrderDemo. java

```
package com. igeek_01;

public class OrderDemo {
    public static void main(String[ ] args) {
        System. out. println("开始");
        System. out. println("语句 A");
        System. out. println("语句 B");
        System. out. println("语句 C");
        System. out. println("结束");
    }
}
```

运行结果如下。

```
开始
语句 A
语句 B
语句 C
结束
```

4.2 选择结构

在 Java 程序中，选择结构通过 if 语句和 switch 语句来实现。if 语句被称为假设语句，换句话说，if 语句是最基础的条件语句。if 的中文意思是“如果”，其语法归纳起来，总共三种，分别是 if 语句、if-else 语句和 if-else if-else 语句。

4.2.1 if 语句及执行流程

if 语句第一种格式如下。

```
if(关系表达式) {
        语句体
}
```

执行流程：

首先判断关系表达式，看其结果是 true 还是 false。如果是 true 就执行语句体；如果是 false 就不执行语句体。

4.2.1.1 if 语句执行流程图

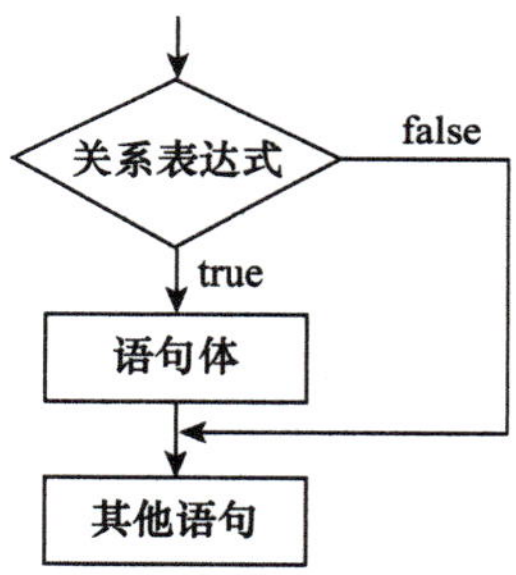

图 4-2 if 语句执行流程图

4.2.1.2 比较三个数

文件 4-2 IfDemo. java

```
package com. igeek_02;
public class IfDemo {
    public static void main(String[ ] args) {
        System. out. println("开始");
        // 定义两个变量
        int a=10;
        int b=20;

        if (a= =b) {
        System. out. println("a 等于 b");
```

```
        }
        int c=10;
        if (a==c) {
            System.out.println("a 等于 c");
        }

        System.out.println("结束");
    }
}
```

运行结果如下。

```
开始
a 等于 c
结束
```

4.2.2　if-else 语句及执行流程

if-else 语句格式如下。

```
if(关系表达式) {
        语句体 1;
} else {
        语句体 2;
}
```

执行流程：

首先判断关系表达式，看其结果是 true 还是 false。如果是 true 就执行语句体 1；如果是 false 就执行语句体 2。

4.2.2.1　if-else 语句执行流程图

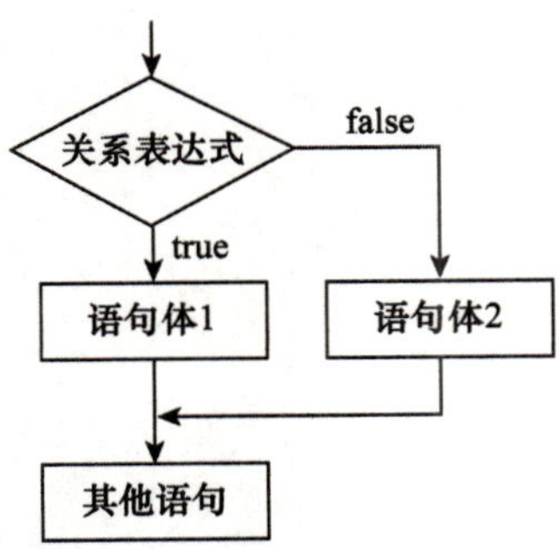

图 4-3　if-else 语句执行流程图

4.2.2.2 判断奇偶数

文件 4-3 IfDemo2 类

```
package com.igeek_02;
public class IfDemo2
    public static void main(String[ ] args) {
        System.out.println("开始");
        // 判断给定的数据是奇数还是偶数
        // 定义变量
        int a=100;
        // 给 a 重新赋值
        a=99;

        if (a % 2==0) {
            System.out.println("a 是偶数");
        } else {
            System.out.println("a 是奇数");
        }

        System.out.println("结束");
    }
}
```

运行结果如下。

```
开始
a 是奇数
结束
```

4.2.3 if-else if-else 语句及执行流程

if-else if-else 语句格式如下。

```
if(关系表达式 1) {
        语句体 1;
}else if (关系表达式 2) {
        语句体 2;
}
    …
else {
        语句体 n+1;
```

}

执行流程：

首先判断关系表达式 1，看其结果是 true 还是 false；

如果是 true 就执行语句体 1；

如果是 false 就继续判断关系表达式 2，看其结果是 true 还是 false；

如果是 true 就执行语句体 2；

如果是 false 就继续判断下一个关系表达式，看其结果是 true 还是 false；

……

如果没有任何关系表达式为 true，就执行语句体 n+1。

4.2.3.1 if-else if-else 语句执行流程图

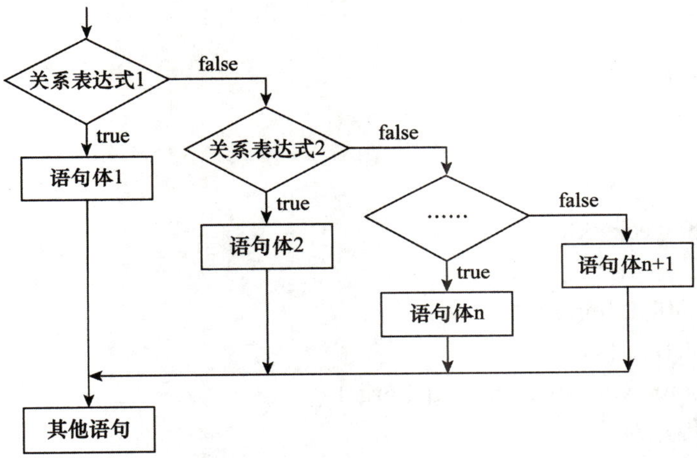

图 4-4 if-else if-else 语句执行流程图

4.2.3.2 多分支结构实现

假设 x 和 y 的关系满足如下条件。

$$y=\begin{cases}2x+1 & x\geqslant 3\\ y=2x & -1\leqslant x<3\\ y=2x-1 & x\leqslant -1\end{cases}$$

该实例通过给定 x 的值，计算出 y 的值并输出。

文件 4-4 IfDemo3. java

```
package com.igeek_02;
public class IfDemo3 {
    public static void main(String[ ] args) {
        int x=5;
        int y=0;
        if (x>=3) {
            y=2*x+1;
```

```
        } else if (x>=-1 &&x<3) {
            y=2*x;
        } else {
            y=2*x-1;
        }

        System.out.println("y 的值是:"+y);
    }
}
```

运行结果如下。

```
y 的值是：11
```

4.2.4 if 语句的练习

4.2.4.1 if 语句实现获取两个数据较大值

文件 4-5 IfTest.java

```
package com.igeek_03;

import java.util.Scanner;
public class IfTest {
    public static void main(String[] args) {
        //创建对象
        Scanner sc=new Scanner(System.in);

        //接收数据
        System.out.println("请输入第一个数据:");
        int a=sc.nextInt();

        System.out.println("请输入第二个数据:");
        int b=sc.nextInt();

        //采用 if 语句格式 2 实现
        /*
        if(a>b){
            System.out.println("较大的值是:"+a);
        }else {
            System.out.println("较大的值是:"+b);
        }
```

```
        */

        //拿到较大的值之后,未必想直接输出,所以我们定义变量接收这个较大的值
        int max;
        if(a>b){
            max=a;
        }else {
            max=b;
        }

        System.out.println("较大的值是:"+max);
    }
}
```

运行结果如下。

```
请输入第一个数据:
1
请输入第二个数据:
3
较大的值是：3
```

4.2.4.2　if 语句实现判断学生等级

从键盘录入学生考试成绩，请根据成绩判断该学生属于哪个级别？级别判定如下：

* 90~100　　优秀
* 80~90　　良好
* 70~80　　中等
* 60~70　　及格
* 60 以下　　不及格

文件 4-6　IfTest2 类

```
package com.igeek_03;
import java.util.Scanner;
public class IfTest2 {
    public static void main(String[ ] args) {
        //创建对象
        Scanner sc=new Scanner(System.in);

        //接收数据
        System.out.println("请输入学生的考试成绩:");
        int score=sc.nextInt( );
```

```
        //if 语句格式 3

        if(score<0 || score>100){
            System. out. println("你的成绩是错误的");
        }else if(score>=90 &&score<=100){
            System. out. println("你的成绩属于优秀");
        }else if(score>=80 &&score<90){
            System. out. println("你的成绩属于良好");
        }else if(score>=70 &&score<80){
            System. out. println("你的成绩属于中等");
        }else if(score>=60 &&score<70){
            System. out. println("你的成绩属于及格");
        }else {
            System. out. println("你的成绩属于不及格");
        }
    }
}
```

运行结果如下。

```
请输入学生的考试成绩:
54
你的成绩属于不及格
```

4.2.5 switch 语句的格式及执行流程

4.2.5.1 格式解释

switch 语句格式如下。

```
switch(表达式) {
    case 值 1:
            语句体 1;
            break;
    case 值 2:
            语句体 2;
            break;
    ...
    default:
        语句体 n+1;
        break;
}
```

【说明】

① switch 表示这是 switch 语句。

② 表达式的取值类型为：byte、short、char、int。

③ JDK5 以后可以是枚举。

④ JDK7 以后可以是 String。

⑤ case 后面跟的是要和表达式进行比较的值。

⑥ 语句体部分可以是一条或多条语句。

⑦ break 表示中断、结束的意思，可以结束 switch 语句。

⑧ default 语句表示所有情况都不匹配的时候，就执行该处的内容，和 if 语句的 else 相似。

4.2.5.2 执行流程

首先计算出表达式的值，如果表达式的值和某个 case 后面的变量值相同，则执行该 case 语句后的若干个语句直到遇到 break 语句为止。此时，如果该 case 语句中没有 break 语句，将继续执行后面 case 中的若干个语句直到遇到 break 语句为止。

最后，如果所有的 case 都和表达式的值不匹配，就会执行 default 语句体部分，然后程序结束。default 语句为可选的，如果它不存在，而且 switch 语句中表达式的值不与任何 case 的常量值相同，switch 则不做任何处理。

4.2.5.3 switch 语句执行流程图

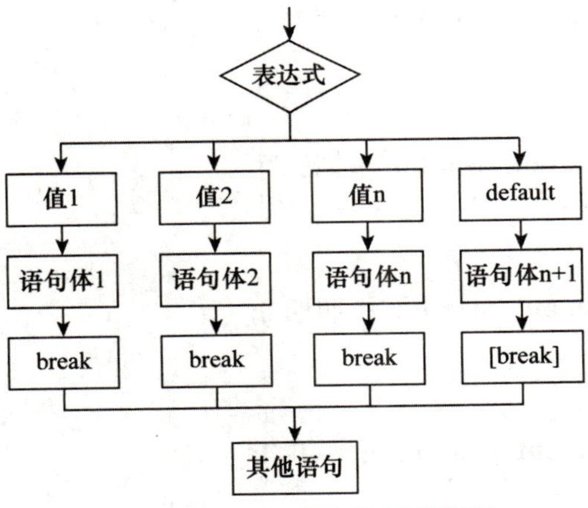

图 4-5 switch 语句执行流程图

4.2.5.4 switch 语句实现根据数字输出对应星期几

根据键盘录入的数值 1、2、3、…、7，输出对应的星期一、星期二、星期三、…、星期日。

文件 4-7　SwitchDemo. java

```
package com. igeek_04;
import java. util. Scanner;

public class SwitchDemo {
    public static void main(String[ ] args) {
        //创建键盘录入对象
        Scanner sc = new Scanner(System. in);

        //接收数据
        System. out. println("请输入一个数字(1-7):");
        int weekday = sc. nextInt( );

        //switch 语句实现选择
        switch(weekday) {
        case 1:
            System. out. println("星期一");
            break;
        case 2:
            System. out. println("星期二");
            break;
        case 3:
            System. out. println("星期三");
            break;
        case 4:
            System. out. println("星期四");
            break;
        case 5:
            System. out. println("星期五");
            break;
        case 6:
            System. out. println("星期六");
            break;
        case 7:
            System. out. println("星期日");
            break;
        default:
            System. out. println("你输入的数字有误");
```

```
                break;
            }
        }
}
```

运行结果如下。

```
请输入一个数字(1-7):
4
星期四
```

4.3 循环结构

4.3.1 for 循环语句格式

```
for(初始化语句；判断条件语句；控制条件语句）{
        循环体语句；
}
```

4.3.1.1 执行流程

在执行 for 循环时，首先执行初始化语句，完成某一变量的初始化工作；下一步执行判断条件语句，看其结果是 true 还是 false，如果是 false，循环结束；如果是 true，则进入循环体；在执行完循环体后紧接着执行控制条件语句，这部分通常是增加或减少循环控制变量的一个表达式，这样一轮循环就结束了。第二轮循环从判断条件语句开始，如果是 true，则继续循环，否则跳出整个 for 语句。for 循环语句的执行流程图如图 4-6 所示。

4.3.1.2 for 循环语句的执行流程图

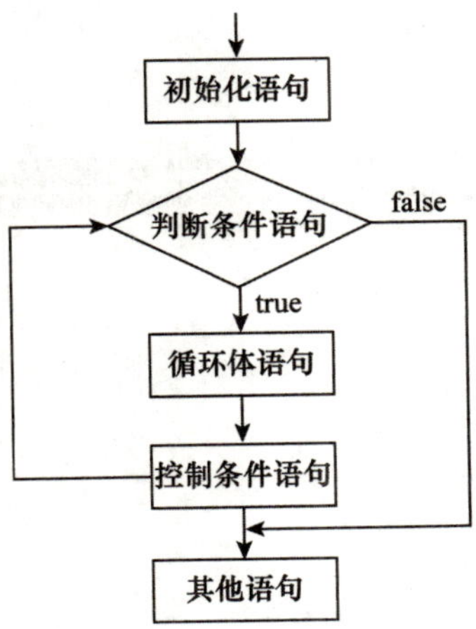

图 4-6 for 循环语句的执行流程图

4.3.1.3 在控制台输出 10 次“HelloWorld”的案例

文件 4-8 ForDemo. java

```
package com. igeek_05;

public class ForDemo {
    public static void main(String[ ] args) {
        //原始写法
        System. out. println("HelloWorld");
        System. out. println("HelloWorld");
        System. out. println("HelloWorld");
        System. out. println("HelloWorld");
        System. out. println("HelloWorld");
        System. out. println("HelloWorld");
        System. out. println("HelloWorld");
        System. out. println("HelloWorld");
        System. out. println("HelloWorld");
        System. out. println("HelloWorld");
        System. out. println("-------------------------");

        //用循环改进
        for(int x=1; x<=10; x++) {
            System. out. println("HelloWorld");
        }
    }
}
```

程序运行结果如下。

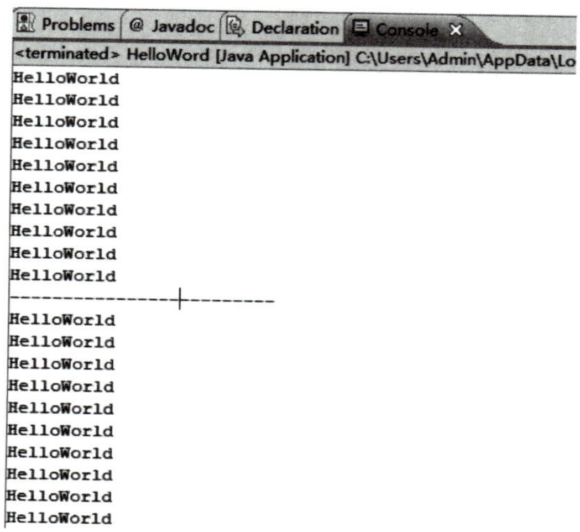

4.3.1.4 for 循环语句实现获取指定范围数据

文件 4-9 ForTest.java

```
package com.igeek_05;

/**
* 需求:获取数据 1~5 和 5~1
  */
public class ForTest {
    public static void main(String[ ] args) {
        //原始做法
        System.out.println(1);
        System.out.println(2);
        System.out.println(3);
        System.out.println(4);
        System.out.println(5);
        System.out.println("-------------");

        //用循环改进
        for(int x=1; x<=5; x++) {
            System.out.println(x);
        }
        System.out.println("-------------");

        //1~5 的数据我们获取到了,如何获取 5~1 呢?
        for(int x=5; x>=1; x--){
            System.out.println(x);
        }
    }
}
```

程序运行结果如下。

```
1
2
3
4
5
--------
1
2
3
```

```
4
5
--------

5
4
3
2
1
```

4.3.1.5 for 循环语句实现 1~100 之间偶数和

文件 4-10 ForTest2. java

```
package com. igeek_05;

/*
需求:求出 1~100 之间偶数和
*/
public class ForTest2 {
    public static void main(String[ ] args) {
        //定义求和变量,初始化值是 0
        int sum=0;

        //获取 1~100 之间的数据,用 for 循环实现
        for(int x=1; x<=100; x++) {
        //把获取到的数据进行判断,看是否是偶数
        if(x%2==0) {
            sum +=x;
        }
    }

    //输出求和结果
    System. out. println("sum: "+sum);
  }
}
```

程序运行结果如下。

```
sum:2550
```

4.3.1.6 for 循环语句实现在控制台打印水仙花数

该实例实现在控制台输出所有的“水仙花数”。所谓的水仙花数是指一个三位数，其各位数字的立方和等于该数本身。举例：153 就是一个水仙花数，因为 153=1＊1＊1+5＊5＊5+3＊3＊3。

文件 4-11 ForTest3. java

```
package com.igeek_05;

public class ForTest3 {
    public static void main(String[ ] args) {
        //通过循环获取全部三位数
        for(int x=100; x<1000; x++) {
            //获取个位,十位,百位
            int ge=x%10;
            int shi=x/10%10;
            int bai=x/10/10%10;

            //让每个位上的立方和相加,并和该数据进行比较,如果相等,就说明该
数据是水仙花数,在控制台输出
            if((ge*ge*ge+shi*shi*shi+bai*bai*bai)==x) {
                System.out.println(x);
            }
        }
    }
}
```

程序运行结果如下。

```
153
370
371
407
```

4.3.2 while 循环语句的格式及基本使用

4.3.2.1 while 循环语句格式

while 循环语句也称为条件循环语句，它通过一个判断条件来控制是否要继续反复执行语句。

其基本语法格式如下。

```
while(判断条件语句) {
    循环体语句;
}
```

扩展语法格式如下。

```
初始化语句;
```

```
while(判断条件语句) {
        循环体语句;
        控制条件语句;
}
```

4.3.2.2 while 循环语句执行流程图

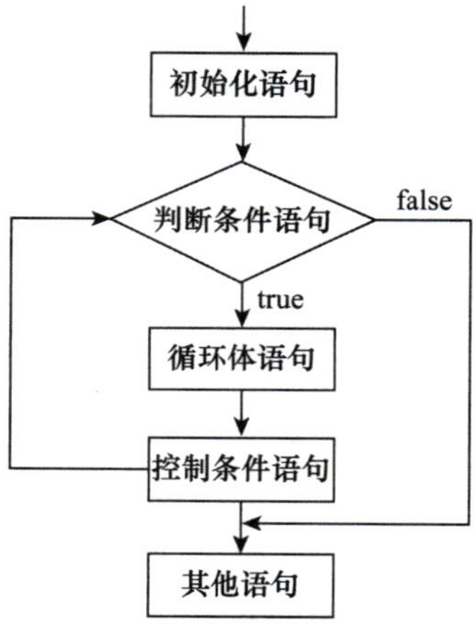

图 4-7 while 循环语句执行流程图

4.3.2.3 使用 while 语句输出 10 次"HelloWorld"

文件 4-12 WhileDemo. java

```
package com. igeek_06;

public class WhileDemo {
    public static void main(String[ ] args) {

        /*
        for(int x=1; x<=10; x++) {
            System. out. println("HellloWorld");
        }
        */

        int x=1;
        while(x<=10) {
            System. out. println("HellloWorld");
            x++;
        }
    }
}
```

程序运行结果如下。

```
HelllloWorld
HelllloWorld
HelllloWorld
HelllloWorld
HelllloWorld
HelllloWorld
HelllloWorld
HelllloWorld
HelllloWorld
HelllloWorld
```

4.3.2.4　while 循环语句实现 1~100 之间数据求和

文件 4-13　WhileTest.java

```
package com.igeek_06;

public class WhileTest {
    public static void main(String[ ] args) {
        //回顾 for 循环实现

        /*
        //定义求和变量
        int sum=0;
        //获取 1~100 之间的数据
        for(int x=1; x<=100; x++) {
            //累加
            sum +=x;
        }
        System.out.println("1-100 的和是:"+sum);
        */

        //while 循环实现
        //定义求和变量
        int sum=0;
        int x=1;
        while(x<=100) {
            sum+=x;
            x++;
        }
        System.out.println("1-100 的和是:"+sum);
    }
}
```

程序运行结果如下。

1-100 的和是：5050

4.3.3 do…while 循环的格式及基本使用

4.3.3.1 do…while 循环语句格式

基本格式如下。

```
do {
        循环体语句;
}while(判断条件语句);
```

扩展格式如下。

```
初始化语句;
do {
        循环体语句;
        控制条件语句;
} while(判断条件语句);
```

4.3.3.2 do…while 循环语句执行流程图

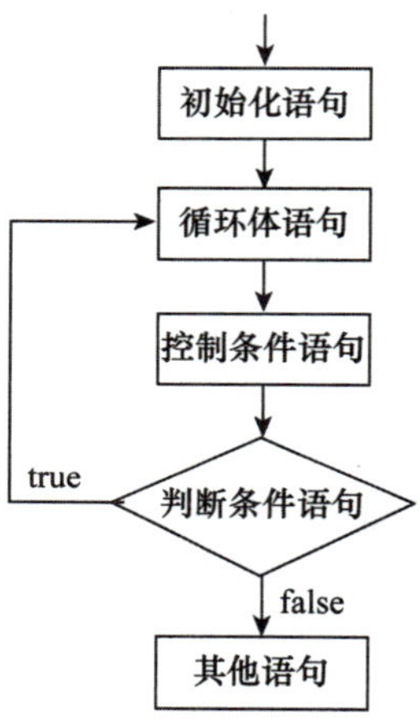

图 4-8 do…while 循环语句执行流程图

4.3.3.3 使用 do…while 语句输出 10 次"HelloWorld"

文件 4-14 DoWhileDemo. java

```
package com.igeek_07;

public class DoWhileDemo {
    public static void main(String[] args) {
        int x=1;
        do {
            System.out.println("HelloWorld");
```

```
            x++;
        }while(x<=10);
    }
}
```

程序运行结果如下。

```
HellloWorld
HellloWorld
HellloWorld
HellloWorld
HellloWorld
HellloWorld
HellloWorld
HellloWorld
HellloWorld
HellloWorld
```

4.4 三种循环的区别

4.4.1 区别概述

三种循环虽然可以完成同样的功能，但是还是有如下区别：

（1）do…while 循环至少会执行一次循环体；

（2）for 循环和 while 循环只有在条件成立的时候才会去执行循环体。

for 循环语句和 while 循环语句的区别如下：

控制条件语句所控制的那个变量，在 for 循环结束后，就不能再被访问到了，而 while 循环结束还可以继续使用，如果你想继续使用，就用 while，否则推荐使用 for。原因是 for 循环结束，该变量就从内存中消失，能够提高内存的使用效率。

4.4.2 三种循环语句的运用

文件 4-15 Recycle. java

```
package com. igeek_08;

public class Recycle {
    public static void main(String[ ] args) {
        /*
        int x=3;
        while(x<3) {
            System. out. println("我爱极客营");
            x++;
        }
```

```
        System. out. println("--------------");
        int y=3;
        do {
            System. out. println("我爱极客营");
            y++;
        }while(y<3);
        */


        for(int x=1; x<=10; x++){
            System. out. println("爱生活,爱 Java");
        }
        //这里的 x 无法继续访问
        //System. out. println(x);
        System. out. println("------------------");

        int y=1;
        while(y<=10) {
            System. out. println("爱生活,爱 Java");
            y++;
        }
        System. out. println(y);
    }
}
```

程序运行结果如下。

```
爱生活，爱Java
爱生活，爱Java
爱生活，爱Java
爱生活，爱Java
爱生活，爱Java
爱生活，爱Java
爱生活，爱Java
爱生活，爱Java
爱生活，爱Java
爱生活，爱Java
------------------
爱生活，爱Java
爱生活，爱Java
爱生活，爱Java
爱生活，爱Java
爱生活，爱Java
爱生活，爱Java
爱生活，爱Java
爱生活，爱Java
爱生活，爱Java
爱生活，爱Java
11
```

4.5　控制跳转语句 break

4.5.1　break 的使用场景和作用

1. break 的使用场景

（1）在选择结构 switch 语句中。

（2）在循环语句中。

break 离开使用场景是没有意义的，它不能单独使用。

2. break 的作用

跳出单层循环。

4.5.2　break 的使用

文件 4-16　BreakDemo. java

```
package com. igeek_09;
public class BreakDemo {
    public static void main(String[ ] args) {
        //break;

        for(int x=1; x<=10; x++) {
            if(x==3) {
                break;
            }
            System. out. println("HelloWorld");
        }
    }
}
```

程序运行结果如下。

```
HelloWorld
HelloWorld
```

4.6　控制跳转语句 continue

4.6.1　continue 的使用场景和作用

（1）continue 的使用场景：在循环语句中。离开使用场景是没有意义的。

（2）continue 的作用：单层循环。

（3）continue 与 break 的区别如下：

break 是退出当前循环，continue 是结束本次循环，进入下一次循环。

4.6.2 continue 的使用

文件 4-17 ContinueDemo. java

```
package com. igeek_10;

public class ContinueDemo {
    public static void main(String[ ] args) {
        //continue;
        for(int x=1; x<=10; x++) {
            if(x= =3) {
                //break;
                continue;
            }
            System. out. println("HelloWorld");
        }
    }
}
```

程序运行结果如下。

```
HellloWorld
HellloWorld
HellloWorld
HellloWorld
HellloWorld
HellloWorld
HellloWorld
HellloWorld
HellloWorld
HellloWorld
```

本章小结

本章主要讲解了 Java 流控语句(顺序语句、选择语句和循环语句)以及控制跳转语句。首先讲解了顺序结构语句，它是按照写代码的顺序一次执行；其次介绍了选择结构语句，根据条件的不同有选择的执行不同的代码；再次介绍了循环结构语句，它是在一定条件下，反复执行某一片段代码；最后介绍了流程控制语句。本章的学习，读者应该熟悉 3 种流控语句，重点掌握选择结构和循环结构的使用方法。

习　题

一、选择题

1. 下列(　　)不属于 Java 语言流程控制结构。

A. 分支语句　　B. 跳转语句　　C. 循环语句　　D. 赋值语句

2. 假设 a 是 int 类型的变量，并初始化为 1，则下列(　　)是合法的条件语句。

A. if(a){}　　B. if(a<<=3){}　　C. if(a=2){}　　D. if(true){}

3. 下列说法中，不正确的一个是(　　)。

A. switch 语句的功能可以由 if-else if-else 语句来实现

B. 若用于比较的数据类型为 double 型，则不可以用 switch 语句来实现

C. if-else if-else 语句的执行效率总是比 switch 语句高

D. case 子句中可以有多个语句，并且不需要大括号{}括起来

4. 设 a、b 为 long 型变量，x、y 为 float 型变量，ch 为 char 类型变量且它们均已被赋值，则下列语句中正确的是(　　)。

A. switch(x+y) {}　　B. switch(ch+1) {}

C. switch ch {}　　D. switch(a+b); {}

5. 下列循环体执行的次数是(　　)。

```
int y=2, x=4;
while(--x ! =x/y){ }
```

A. 1　　B. 2　　C. 3　　D. 4

6. 下列循环体执行的次数是(　　)。

```
int x=10, y=30;
do{y-=x; x++;}while(x++<y--);
```

A. 1　　B. 2　　C. 3　　D. 4

7. 已知如下代码：

```
switch(m){
case 0: System.out.println("Condition 0");
case 1: System.out.println("Condition 1");
case 2: System.out.println("Condition 2");
case 3: System.out.println("Condition 3"); break;
default: System.out.println("OtherCondition");}
```

当 m 的值为(　　)时，可以输入“Condition 3”。

A. 2　　B. 0、1　　C. 0、1、2　　D. 0、1、2、3

二、填空题

1. 跳转语句包括________、________、________和________。

2. switch 语句先计算 switch 后面的________的值，再和各________语句后的值做

比较。

3. if 语句合法的条件值是________类型。

4. continue 语句必须使用于 ________语句中。

5. break 语句有两种用途：一种从________语句的分支中跳出，一种是从________内部跳出。

6. do-while 循环首先执行一遍________，而 while 循环首先判断________。

7. 与 C++语言不同，Java 语言不通过________语句实现跳转。

8. 每一个 else 子句都必须和它前面的一个距离它最近的________子句相对应。

9. 在 switch 语句中，完成一个 case 语句块后，若没有通过 break 语句跳出 switch 语句，则会继续执行后面的________语句块。

10. 在 for 循环语句中可以声明变量，其作用域是________。

三、程序题

1. 通过键盘输入三个整数，然后输出其中的最大值。

2. 猜数游戏：给出一个等式，比如 x * 4 = 20，其中 x 是未知数，编写一个程序，求出 x 的数值，使它满足等式，并输出结果。要求：x 和乘数的取值范围都在 0~9，用 for 循环语句和 while 循环语句分别实现。

第5章 面向对象基础

学习目标

1.【理解】面向过程和面向对象的思想

(1)【理解】过程的概念。
(2)【理解】面向过程解决问题的步骤。
(3)【理解】对象的概念。
(4)【理解】面向对象解决问题的步骤。
(5)【理解】举例解释面向对象的思想。
(6)【理解】面向过程和面向对象的联系和区别。

2.【理解】能够理解类和对象的区别

(1)【理解】Java 中类的作用。
(2)【应用】Java 中对象的作用。
(3)【理解】Java 中类和对象的关系。

3.【应用】能够独立使用成员变量和局部变量

(1)【理解】成员变量和局部变量的概念。
(2)【应用】成员变量和局部变量的用法。
(3)【理解】成员变量和局部变量的区别。

4.【应用】能够独立使用封装

(1)【理解】封装的概念。
(2)【理解】Java 中封装的体现。
(3)【理解】使用封装的优点。
(4)【理解】private 关键字的作用。
(5)【应用】封装的代码实例。

5.【应用】能够独立使用构造函数

(1)【理解】构造函数的作用。
(2)【应用】构造函数的写法。
(3)【应用】构造函数的调用方式。

5.1 面向对象基础

5.1.1 编程思想概述

所谓编程思想，就是指用计算机来解决人们实际问题的思维方式。目前主流的编程思想有面向过程和面向对象两种思维方式，对应的编程语言有面向过程的编程语言和面向对象的编程语言。

5.1.2 面向过程思想概述

面向过程的语言也称为结构化程序设计语言，是高级语言的一种。在面向过程程序设计中，问题被看作一系列需要完成的任务，函数则用于完成这些任务，解决问题的焦点集中于函数。其概念最早由 E. W. Dijikstra 在 1965 年提出，该概念的提出是软件发展的一个重要里程碑。它的主要观点是采用自顶向下、逐步求精的程序设计方法，使用三种基本控制结构构造程序。

面向过程就是分析出解决问题所需要的步骤，然后用函数把这些步骤一步一步实现，使用的时候一个一个依次调用就可以了；面向对象是把构成问题事务分解成各个对象，建立对象的目的不是为了完成一个步骤，而是为了描述某个事物在整个解决问题的步骤中的行为。

面向对象的程序设计语言必须有描述对象及其相互之间关系的语言成分。这些程序设计语言可以归纳为以下几类：系统中一切事物皆为对象；对象是属性及其操作的封装体；对象可按其性质划分为类，对象成为类的实例；实例关系和继承关系是对象之间的静态关系；消息传递是对象之间动态联系的唯一形式，也是计算的唯一形式；方法是消息的序列。

5.1.3 面向对象思想的特点及举例

5.1.3.1 面向对象思想特点

1. 对象唯一性

每个对象都有自身唯一的标识，通过这种标识，可找到相应的对象。在对象的整个生命周期中，它的标识都不改变，不同的对象不能有相同的标识。

2. 分类性

分类性是指将具有一致的数据结构（属性）和行为（操作）的对象抽象成类。一个类就是这样一种抽象，它反映了与应用有关的重要性质，而忽略其他一些无关内容。任何类的划分都是主观的，但必须与具体的应用有关。

3. 继承性

继承性是子类自动共享父类数据结构和方法的机制，这是类之间的一种关系。在定义和实现一个类的时候，可以在一个已经存在的类的基础之上进行，把这个已经存在的类所定义的内容作为自己的内容，并加入若干新的内容。

继承性是面向对象程序设计语言不同于其他语言的最重要的特点，是其他语言所没有的。

在类层次中，子类只继承一个父类的数据结构和方法，则称为单重继承。

在类层次中，子类继承了多个父类的数据结构和方法，则称为多重继承。

在软件开发中，类的继承性使所建立的软件具有开放性、可扩充性，这是对信息组织与分类行之有效的方法，它简化了对象、类的创建工作量，增加了代码的可重性。

采用继承性，提供了类的规范的等级结构。通过类的继承关系，使公共的特性能够共享，提高了软件的重用性。

4. 多态性

多态性是指相同的操作或函数、过程可作用于多种类型的对象上并获得不同的结果。不同的对象，收到同一消息可以产生不同的结果，这种现象称为多态性。

多态性允许每个对象以适合自身的方式去响应共同的消息。

多态性增强了软件的灵活性和重用性。

5.1.3.2　面向对象思想举例

1. 购买电脑

面向过程：想购买电脑→明确购买电脑的意义→互联网查询对应的参数信息→电脑城购买电脑→价格商议→购回电脑。

面向对象：要买电脑→让供应商去采购电脑→购回电脑。

2. 洗衣服

面向过程：把衣服脱下来→找一个盆→放点洗衣粉→加点水→浸泡 10 分钟→揉一揉→清洗衣服→拧干→晾起来。

面向对象：把衣服脱下来→扔给全自动洗衣机→晾起来。

显然，利用面向对象思想，更容易完成相对复杂过程的实现。

5.1.3.3　类与对象的关系

编程语言的目的之一，便是模拟现实客观事物，实现对象程序化。例如：超市购物计费系统、银行业务管理系统，等等。

客观世界的事物在面向对象思维中的具体体现如下。

- 属性：事物的描述信息。
- 行为：事物能够做什么。

面向对象编程语言 Java 的最基本单位是类，客观事物利用类来体现，其定义如下。

- 类：一组相关的属性和行为的集合。
- 对象：该类事物的具体体现。

以学生为例，利用面向对象思想举例如下。

- 类：学生。
- 对象：每位学生都可以是一个对象，班长也可以是一个对象。

5.2 类和对象

类是用来描述现实客观事物，包括事物的属性和行为，属性是事物的描述信息，行为指事物能做什么。Java 声明的类由成员变量和成员方法两部分组成，成员变量描述事物的属性，成员方法描述事物的行为。

1. 成员变量

成员变量定义跟之前变量定义方法相同，但位置发生了改变，成员变量定义在类中，在成员方法之外。

2. 成员方法

成员方法定义和以前定义的主方法(主函数)类似，static 关键字暂时不使用。面向对象进阶中将详细讲解 static 的作用。

5.2.1 类与对象的案例

5.2.1.1 学生类

根据面向对象思想，学生事物包括学号、姓名、年龄等属性，其行为有学习、吃饭、考试等等。按照类定义的格式可以编写学生类 Student。

文件 5-1 Student. java

```
package com. igeek_02;
/**
 *      需求:写一个学生类
 *
 *      学生事物
 *        属性:姓名、年龄……
 *        行为:学习、考试……
 *
 *      学生类
 *        成员变量:姓名、年龄……
 *        成员方法:学习、考试……
 */
public class Student {
    //成员变量
    /**
    * @Fields name : 姓名
    */
    String name;
```

```
    /**
    *  @Fields age : 年龄
    */
    int age;

    //成员方法
    /**
    *  @Title: study
    *  @Description: 学习的方法
    */
    public void study( ){
        System. out. println("学生行为:好好学习");
    }

    /**
    *  @Title: exam
    *  @Description: 考试的方法
    */
    public void exam( ){
        System. out. println("学生行为:认真考试 ");
    }
}
```

该案例声明了一个学生类，其成员变量包含姓名和年龄，成员方法包含学习和考试。Student 类是一个学生事物描述类，不建议将 main 方法放在 Student 类。

5. 2. 1. 2　类的使用

使用一个类，其实就是使用该类的成员，包括成员变量和成员方法。在使用该类成员之前，必须先实例化该类的对象。Java 语法中，创建对象的基本语法如下：

　　类名　对象名=new 类名( )；

对象访问成员变量的语法是：对象名 . 成员变量，访问成员方法的语法是：对象名 . 成员方法。

文件 5-2　StudentDemo. java

```
package com. igeek_02;

/**
 *      Student 类是一个学生事物描述类,所以不建议将 main 方法放在 Student 类中
 *      新定义一个类,来测试一下类的使用
 */
```

```
public class StudentDemo {
    public static void main(String[ ] args) {
        //格式:类名  对象名=new 类名( );
        Student s=new Student( );
        System. out. println("s: "+s);//s: com. igeek_02. Student@feb48

        //直接输出成员变量值,缺省值
        System. out. println("姓名:"+s. name);//null
        System. out. println("年龄:"+s. age);//0
        System. out. println("-----直接输出成员变量值----------");

        //给成员变量赋值
        s. name="小王";
        s. age=18;

        //再次输出成员变量的值
        System. out. println("姓名:"+s. name);//小王
        System. out. println("年龄:"+s. age);//18
        System. out. println("-----再次输出成员变量的值----------");

        //调用成员方法
        s. study( );
        s. exam( );
    }
}
```

最终得到结果如下。

```
s:Student@15db9742
姓名: null
年龄: 0
-----直接输出成员变量值----------
姓名: 小王
年龄: 18
-----再次输出成员变量的值---------
学生行为: 好好学习
学生行为: 认真考试
```

利用 StudentDemo 类，对 Student 类进行调用，通过实例化对象 s 完成针对 Student 类中属性与方法的调用。

5.2.1.3　手机类练习

读者可以按照学生类声明的形式练习一下手机类，分析手机类包含的成员变量和成员方法并进行测试类的使用。

文件 5-3　Phone.java

```
package com.igeek_02;
/**
 *      手机类
 *          成员变量:品牌、价格、颜色……
 *          成员方法:打电话、发短信……
 */
public class Phone {
    /***  @Fields brand : 品牌   */
    String brand;
    /*** @Fields price : 价格   */
    int price;
    /**
     * @Fields color : 颜色
     */
    String color;

    /**
     * @Title: call
     * @Description: 打电话
     * @param name
     */
    public void call(String name){
        System.out.println("请给"+name+"打电话请假");
    }

    /**
     * @Title: sendMessage
     * @Description: 发短信
    */
    public void sendMessage( ){
        System.out.println("请发短信给班主任请假");
    }
}
```

上述代码定义了手机类成员变量：品牌、价格、颜色；成员方法：打电话、发短信。

文件 5-4　PhoneDemo. java

```
package com. igeek_02;

public class PhoneDemo {
    public static void main(String[ ] args) {
        //创建对象
        Phone p=new Phone( );

        //输出成员变量
        System. out. println("品牌:"+p. brand);//null
        System. out. println("价格:"+p. price);//0
        System. out. println("颜色:"+p. color);//null
        System. out. println("--------输出成员变量-----------");

        //给成员变量赋值
        p. brand="华为 Mate10";
        p. price=3999;
        p. color="黑色";

        //再次输出成员变量
        System. out. println("品牌:"+p. brand);//华为 Mate10
        System. out. println("价格:"+p. price);//3999
        System. out. println("颜色:"+p. color);//黑色
        System. out. println("------再次输出成员变量-------------");

        //调用成员方法
        p. call("班主任");
        p. sendMessage( );
    }
}
```

程序运行结果如下。

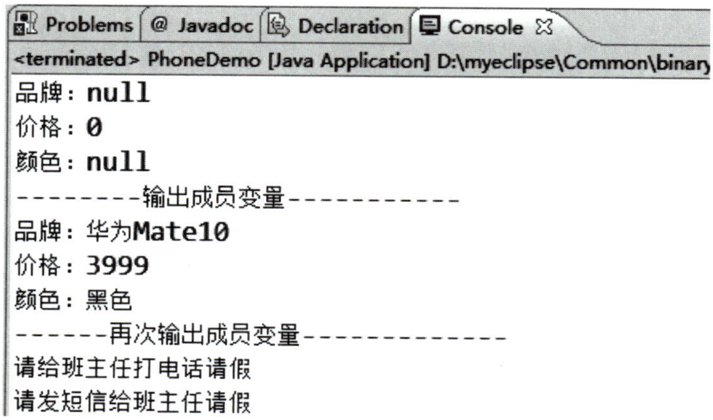

上述代码利用 PhoneDemo 类，对 Phone 类进行调用，完成测试类的缩写。通过实例化对象 p 完成针对 Phone 类中属性与方法的调用。

5.2.2　成员变量和局部变量的区别

当声明好对象之后，对该对象的访问需要依靠引用变量，那么当一个对象没有任何引用时，该对象被视为废弃的对象，属于被回收的范围，同时该对象中的所有成员变量也随之被回收。

可以这样认为，成员变量的生命周期为：从对象在堆中创建开始到对象从堆中被回收结束。

一个运行的 Java 程序从开始到结束会有多次方法的调用。JVM 会为每一个方法的调用在栈中分配一个对应的空间，这个空间称为该方法的栈帧。一个栈帧对应一个正在调用中的方法，栈帧中存储了该方法的参数、局部变量等数据。当某一个方法调用完成后，其对应的栈帧将被清除，局部变量即失效。

两者主要区别如表 5-1 所示。

表 5-1　成员变量和局部变量的区别

	成员变量	局部变量
类中的位置	类中方法外	方法内或者方法声明上(形式参数)
在内存中的位置	堆内存	栈内存
生命周期	随着对象的存在而存在，随着对象的消失而消失	随着方法的调用而存在，随着方法的调用完毕而消失
初始化值	有默认的初始化值	没有默认的初始化值，必须先定义，赋值，才能使用

```
package com.igeek_04;
public class Variable {
    /**
    * @Fields x : 成员变量 x
    */
    int x;

    /**
    * @Title: show
    * @Description: 显示变量
    */
    public void show( ){
        //局部变量
        int y=0;
```

```
            System. out. println(x);
            System. out. println(y);
        }
    }
```

5.3 封 装

5.3.1 封装概述

作为面向对象三大特征之一，封装把一个对象的属性和行为封装成一个类，把具体的业务逻辑功能实现封装成一个方法。另外，封装还可以通过访问修饰符私有化属性(成员变量)，公有化方法。

面向对象编程语言对客观世界的模拟，而封装可以实现将客观世界中成员变量隐藏在对象内部的，使得外界无法直接操作和修改。

封装就是隐藏对象的属性和实现细节，仅公开接口，控制在程序中属性的读和修改的访问级别，将抽象得到的数据和行为(或功能)相结合，形成一个有机的整体，也就是将数据与操作数据的源代码进行有机的结合，形成“类”，其中数据和函数都是类的成员。封装的目的是增强安全性和简化编程，使用者不必了解具体的实现细节，而只需通过外部接口，以特定的访问权限来使用类的成员。

5.3.2 封装原则

封装的目的是把所有的属性藏起来，仅提供公共方法对其访问，即成员变量使用 private 修饰，同时提供对应的 get()/set()方法。

private 为一个权限修饰符，可以修饰成员，包括成员变量和成员方法。而被 private 修饰的成员只在本类中才能访问。下面重新定义 Student 类。

文件 5-5 Student2. java

```
package com.igeek_02;
public class Student2 {
    /**
     * @Fields name : 姓名
     */
    private String name;
    /**
     * @Fields age : 年龄
     */
    private int age;
```

```
    /**
     * @Title: setName
     * @Description: 设置姓名
     * @param n
     */
    public void setName(String n){
        name=n;
    }

    /**
     * @Title: getName
     * @Description: 获取姓名
     * @return
     */
    public String getName( ){
        return name;
    }

    /**
     * @Title: setAge
     * @Description: 设置年龄
     * @param a
     */
    public void setAge(int a){
        age=a;
    }

    /**
     * @Title: getAge
     * @Description: 获取年龄
     * @return
     */
    public int getAge( ){
        return age;
    }
}
```

5.3.3 优点

程序编写可以通过封装来控制成员变量的操作，从而提高了代码的安全性；而把代码用方法进行封装，同时也提高了代码的复用性。

5.3.4 this 关键字

this 表示类实例本身，代表所在类的对象引用，指的是访问类中的成员变量，用来区分成员变量和局部变量(重名问题)，常用于局部变量隐藏成员变量。

文件 5-6 Student3. java

```
package com. igeek_02;

public class Student3 {
    /**
     * @Fields name : 姓名
     */
    private String name;
    /**
     * @Fields age : 年龄
     */
    private int age;

    /**
     * @Title: setName
     * @Description: 设置姓名
     * @param n
     */
    public void setName(String name){//小吴
        //name=name;
        this. name=name;
    }

    /**
     * @Title: getName
     * @Description: 获取姓名
     * @return
     */
```

```
    public String getName( ){
        return name;
    }

    /**
     * @Title: setAge
     * @Description: 设置年龄
     * @param a
     */
    public void setAge(int age){
        //age=age;
        this. age=age;
    }

    /**
     * @Title: getAge
     * @Description: 获取年龄
     * @return
     */
    publicint getAge( ){
        return age;
    }
}
```

文件 5-7　StudentDemo2. java

```
package com. igeek_02;
public class StudentDemo2 {
    public static void main(String[ ] args) {
        //创建学生对象
        Student s=new Student( );
        System. out. println(s. getName( )+"的年龄是"+s. getAge( ));

        s. setName("小明");
        s. setAge(19);
        System. out. println(s. getName( )+"的年龄是"+s. getAge( ));
    }
}
```

程序运行结果如下。

程序要将局部变量的 name 直接赋值给成员变量的 name 时，便可以使用 this 关键字解决这个问题。this：代表所在类的对象引用，主要使用场景在局部变量隐藏成员变量时。

5.4 构造方法

构造方法是类的一种特殊方法，用来初始化类的一个新的对象。Java 中的每个类都有一个默认的构造方法，它必须具有和类名相同的名称，而且没有返回类型。构造方法不能被 static、final、synchronized、abstract 和 native 修饰。

提示：构造方法用于初始化一个新对象，所以用 static 修饰没有意义；构造方法不能被子类继承，所以用 final 和 abstract 修饰没有意义；多个线程不会同时创建内存地址相同的同一个对象，所以用 synchronized 修饰没有必要。

5.4.1 构造方法格式

构造方法有无参构造方法和有参构造方法两种，具体编写规范如下：

(1) 方法名与类名相同；

(2) 没有返回值类型，void 也没有；

(3) 没有具体的返回值，即没有 return 语句。

构造方法编写的格式如下。

```
class class_name
{
    public class_name( ){ }                    //默认无参构造方法
    public ciass_name([paramList]){ }        //定义构造方法
    …
    //类主体
}
```

重新定义 Student 类和 StudentDemo 类，具体代码如下所示。

```
package com. igeek_02;

public class Student {
    /**
     * @Fields name : 姓名
     */
```

```
private String name;
/**
 * @Fields age : 年龄
 */
private int age;

/**
 * @Title: Student 类的无参构造方法
 */
/*
public Student( ){
    System. out. println("这是构造方法");
}*/

public Student( ){ }

/**
 * @Title: Student
 * @param name
 */
public Student(String name){
    this. name=name;
}

/**
 * @Title: Student
 * @param age
 */
public Student(int age){
    this. age=age;
}

/**
 * @Title: Student
 * @param name
 * @param age
 */
```

```
    public Student(String name, int age){
        this. name = name;
        this. age = age;
    }

    /**
     * @Title: show
     * @Description: 显示学生信息方法
     */
    public void show( ){
        System. out. println(name+"今年"+age+"岁");
    }
}
package com. igeek_02;
public class StudentDemo {
    public static void main(String[ ] args) {
        //如何调用构造方法呢?
        //通过 new 关键字调用
        //格式:类名 对象名 = new 构造方法(. . . );
        //也就是创建对象的格式
        //public Student( )
        Student s = new Student( );
        s. show( );

        //public Student(String name)
        Student s2 = new Student("小王");
        s2. show( );

        //public Student(int age)
        Student s3 = new Student(18);
        s3. show( );

        //public Student(String name,int age)
        Student s4 = new Student("小王", 18);
        s4. show( );
    }
}
```

程序运行结果如下。

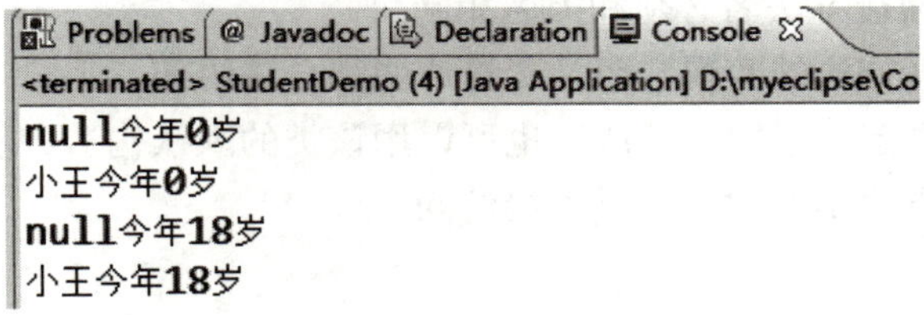

该程序给出了 Java 标准构造函数的用法。

5.4.2　构造方法注意事项

（1）如果程序不提供构造方法，系统会自动给出默认构造方法。

（2）如果程序提供了构造方法，系统将不再提供默认构造方法。

（3）构造方法是可以重载的，重载将在面向对象进阶中详细讲解。

5.4.3　标准类代码的编写

（1）成员变量。

（2）构造方法。

① 无参构造方法。

② 带参构造方法。

（3）成员方法。

① get()。

② set()。

本章小结

本章首先介绍了面向对象编程的概念，详细说明其基本概念、解决问题步骤，并介绍了面向过程和面向对象的联系和区别；其次介绍了类中成员变量和局部变量的基本概念和实际区别；再次引入类中重要概念——封装，介绍了封装的概念和优点；最后介绍了构造函数的概念、作用和写法。

习　题

一、选择题

1. 有一个类 B，下面为其构造方法的声明，正确的是(　　)。

A. void B(int x)　　B. B(int x) {}

C. b(int x) {}　　D. void b(int x) {}

2. 下面关于方法的说法，不正确的是(　　)。

A. Java 中的构造方法名必须和类名相同

B. 方法体是对方法的实现，包括变量声明和合法语句

C. 如果一个类定义了构造方法，也可以用该类的默认构造方法

D. 类的私有方法不能被其他类直接访问

二、操作题

在现实中，人的年龄和体重都不能小于 0；更有可能的是如果忘记给名字赋值就会成为无名氏。要求使用封装完成对属性的控制，当年龄输出错误时提示出错。

第 6 章 面向对象进阶

学习目标

1.【应用】继承的概述及特点

(1)【应用】独立编写代码完成一个对象作为另一个类的成员变量的练习。

(2)【理解】阐述继承的作用和好处。

(3)【应用】阐述继承的代码格式，独立编写一个继承的案例。

(4)【应用】独立编写代码通过 set 和 get 方法给对象设置属性。

(5)【理解】阐述 Java 中继承的特点。

2.【理解】方法重写及继承内存图解

(1)【理解】阐述方法重写的概念及格式。

(2)【了解】阐述 Override 注解的作用及使用方法。

(3)【理解】阐述继承中子父类创建的先后顺序。

(4)【理解】描述继承后子父类内存关系图。

3.【应用】this 与 super

(1)【应用】阐述 this 和 super 访问普通成员的格式。

(2)【应用】阐述 super 和 this 如何访问父类构造方法。

(3)【理解】能够独立写出继承的案例。

4.【应用】抽象类与抽象方法

(1)【应用】能够独立定义一个抽象方法。

(2)【应用】能够独立定义一个抽象类并在抽象类中定义抽象方法，实现该抽象类中抽象方法。

(3)【应用】能够利用子类来使用抽象父类中的构造方法。

5.【应用】接口

(1)【应用】能够自定义一个接口，并实现该接口。

(2)【理解】能够阐述接口中成员的默认修饰符。

(3)【理解】能够阐述接口的注意事项。

(4)【理解】能够阐述接口和抽象类的区别。

6.【应用】多态

(1)【理解】能够阐述什么是多态的向上类型提升和向下转型。

(2)【应用】能够使用 instanceof 关键字判断对象类型。

(3)【应用】能够阐述多态的优点和使用场景。

7.【应用】能够使用 static 关键字与 final 关键字

(1)【理解】阐述 static 修饰符的作用及使用场景。

(2)【理解】阐述静态的访问方式及注意事项。

(3)【理解】阐述 final 修饰类、方法、变量有什么特点。

8.【理解】能够定义并使用包，释义四种权限修饰符使用特点

(1)【理解】阐述包的概念及定义包的格式。

(2)【了解】知道包的全名访问格式。

(3)【理解】能够使用 import 导入其他包中的类。

(4)【理解】阐述四种权限修饰符在同包的访问情况，跨包的访问情况，不同包子父类的访问情况。

9.【应用】定义内部类并使用内部类

(1)【理解】阐述内部类的概念及内部类的分类。

(2)【理解】阐述成员内部类定义的格式及成员内部类的使用方式。

(3)【理解】阐述局部内部类定义的格式及局部内部类的使用方式。

(4)【应用】独立编码创建匿名内部类对象并使用匿名内部类。

6.1 继 承

6.1.1 继承的概念

继承是面向对象的核心特性，是面向对象的学习重点。继承是代码复用的一种形式，即在具有包含关系的类中，从属类继承主类的全部属性和方法，从而减少了代码冗余，提高了程序运行效率。例如，一个矩形(Rectangle 类)属于四边形(Quadrilateral)，正方形、平行四边形和梯形同样都属于四边形。从类的角度来解释，可以说成 Rectangle 类是从 Quadrilateral 类继承而来的，其中 Quadrilateral 类是基类，Rectangle 类是派生类。

图 6-1 展示了一个动物类的继承关系。

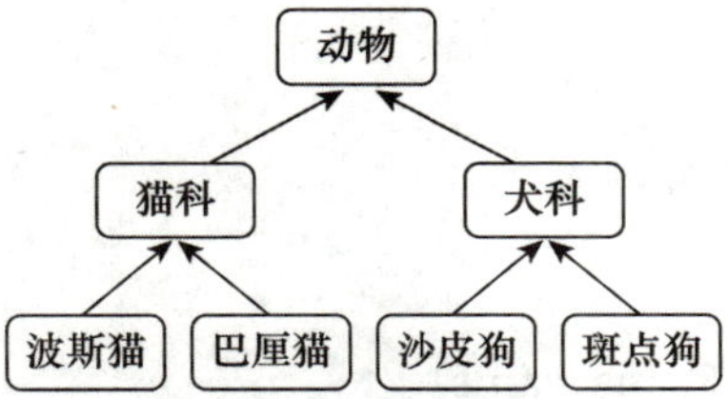

图 6-1　动物类继承关系图

Java 机制规定，一旦两个具备了继承关系，那么子类便拥有了父类的成员(包含属性与方法)，可以直接访问父类的非私有成员。

6.1.2　继承的代码格式

Java 中，使用关键字 extends 体现继承关系。

注意：所有的类都直接或间接继承自 Object，所以如果没有继承其他类，则默认继承 Object 类，即 Object 是所有类的父类(或超类)。

类继承的定义格式如下。

```
class class_name extends extend_class
{
    //类的主体
}
```

(1) 定义父类 Person。

```
package com. igeek_03;

/**
 * @Description: 继承关系的测试类
 *
 *      继承关系:类与类之间的关系
 *
 *      人:定义一些共性内容为父类
 *          共性的成员变量:姓名、年龄
 *          共性的成员方法:吃饭、睡觉
 *
 */

package com.igeek_03;

public class Person {
    String name;
```

```
    int age;

    public String getName( ) {
        return name;
    }
    public void setName(String name) {
        this.name = name;
    }
    public int getAge( ) {
        return age;
    }
    public void setAge(int age) {
        this.age = age;
    }
    public void eat( )
    {
        System.out.println("吃饭");
    }
    public void sleep( )
    {
        System.out.println("睡觉");
    }
}
```

(2) 定义子类 Coder。

```
package com. igeek_03;

/**
 * @ClassName: Coder
 * @Description: 程序员类
 * @date2019 年 6 月 13 日   下午 3: 43: 48
 * Company www. igeekhome. com
 *
 * 定义子类程序员类,继承人类
 * 在人类共性内容的基础上,添加编程功能
 */

public class Coder extends Person {

    /**
```

```
     * @Title: code
     * @Description: 编写代码的方法
     */
    public void code( ) {
        System. out. println("编写代码的方法");
    }
```

（3）定义子类 Teacher。

```
package com. igeek_03;

/**
 * @ClassName: Teacher
 * @Description: 老师类,继承人类
 * 在人类共性内容的基础上,添加教学功能
 */

public   class Teacher extends Person {
    /**
     * @Title: teach
     * @Description: 教书的方法
     */
    public void teach( ) {
        System. out. println("传授知识!");
    }
}
```

（4）定义测试类 ExtendsDemo。

```
package com. igeek_03;

public class ExtendsDemo {
    public static void main(String[ ] args) {
        //创建子类对象
        Coder coder=new Coder( );

        //使用子类可以访问父类的非私有成员变量
        coder. name="拜伦";
        coder. age=18;
        System. out. println(coder. name+"的年龄是: "+coder. age);
        //使用子类可以访问父类的非私有成员方法
        coder. eat( );
```

```
            coder. sleep( );
            //使用子类可以访问子类的自身的成员方法
            coder. code( );

        }
    }
```

程序运行结果如下。

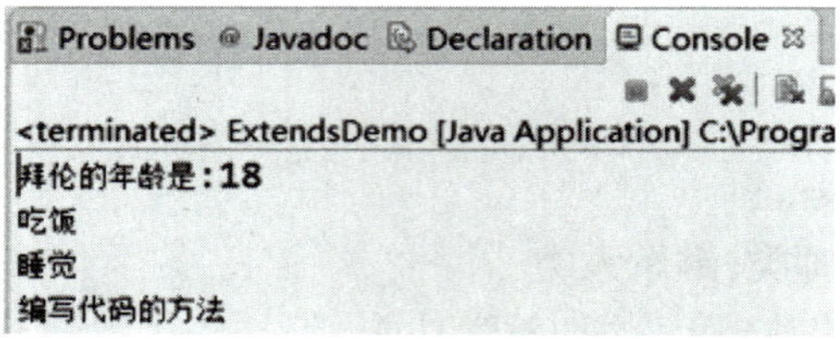

该示例程序说明了继承关系是类与类之间的关系。其中人 Person 定义共性内容，为父类；包含共性成员变量：姓名、年龄，共性成员方法：吃饭、睡觉；而程序员、老师、工人则定义为人类的子类，子类可以在父类的基础上扩展新的成员变量与方法。由于 Teacher 类继承自 Person 类，所以，在 Student 类中同样具有 Person 类的属性和方法，这里重写了父类中的 toString( ) 方法。

当有了继承关系后，子类便拥有了父类的成员，可以直接访问父类的非私有成员。

编写继承类代码时，需要注意，所有的类(除 Object 类)都有父类，所有的类都直接或间接是 Object 的子类。

6.1.3 子类访问父类成员变量

当父类的成员变量用 private 修饰后，子类无法访问父类的成员变量，但是如果父类提供了 public 修饰的 get/set 方法，则子类可以通过 get/set 方法，正常访问父类的成员变量。

(1) 定义父类 Person。

```
package com. igeek_04;

/**
 * 父类- 人类:
 *       年龄, 姓名
 *       吃饭, 睡觉
 */

public class Person extends Object {
    //使用 private 修饰后, 子类无法访问
    /**
     * @Fields name: 姓名
```

```
    */
    private String name;
    /**
     * @Fields age: 年龄
     */
    private int age;
    /**
     * @Title: Person
     */
    public Person( ) {
    }

    /**
     * @Title: Person
     * @param name
     * @param age
     */
    public Person(String name, int age) {
        this. name = name;
        this. age = age;
    }

    /**
     * @Title: eat
     * @Description: 吃东西的方法
     */
    public void eat( ) {
        System. out. println("我吃了");
    }

    /**
     * @Title: sleep
     * @Description: 睡觉的方法
     */
    public void sleep( ) {
        System. out. println("我睡了");
    }
```

```
    //成员变量被 private 修饰,子类无法直接访问,但是可以通过 get/set 方法访问
    /**
     * @return the name
     */
    public String getName( ) {
        return name;
    }

    /**
     * @param name the name to set
     */
    public void setName(String name) {
        this. name=name;
    }

    /**
     * @return the age
     */
    public int getAge( ) {
        return age;
    }

    /**
     * @param age the age to set
     */
    public void setAge(int age) {
        this. age=age;
    }
}
```

(2) 定义子类 Coder。

```
package com. igeek_04;

/**
 * @Description: 程序员类,继承人类
 * 在人类共性内容的基础上,添加编程功能
 */

public class Coder extends Person {
```

```
        /**
         * @Title: code
         * @Description: 编写代码的方法
         */
        public void code( ) {
            System. out. println("编写代码的方法");
        }

    }
```

（3）定义测试类 ExtendsDemo。

```
package com. igeek_04;

*/

public class ExtendsDemo {
    public static void main(String[ ] args) {
        //创建子类对象
        Coder coder=new Coder( );

        //使用子类可以通过 public 修饰的 get/set 方法访问父类的私有成员变量
        coder. setName("拜伦");
        coder. setAge(18);
        System. out. println(coder. getName( )+"的年龄是: "+coder. getAge( ));//使用
子类可以访问父类的非私有成员方法
        coder. eat( );
        coder. sleep( );
        //使用子类可以访问子类的自身的成员方法
        coder. code( );

    }
}
```

程序运行结果如下。

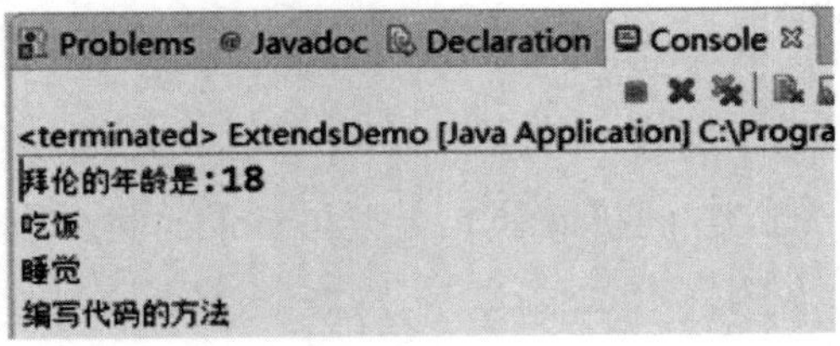

从程序结果来看，当父类的成员变量用 private 修饰后，子类无法访问父类的成员变量。但如果父类提供了 public 修饰的 get/set 方法，则子类可以通过 get/set 方法，正常访问父类的成员变量。

6.1.4 继承的特点

Java 只支持单继承，但 Java 支持多层继承，即子类还可以形成新的子类。父类定义了继承树中共性内容，子类定义了该类个性内容。在结合多态后，能使用父类时尽量使用父类，提高程序扩展性。

（1）定义父类 Fu1。

```
package com. igeek_05;

/**
 * @ClassName: Fu1
 * @Description: 父类 1
 * @date2019 年 6 月 18 日  下午 4: 37: 16
 * Company www. igeekhome. com
 *
 */
public class Fu1 {

}
```

（2）定义子类 Zi1。

```
package com. igeek_05;

/**
 * 一个子类可以有一个父类
 */
public class Zi1 extends Fu1 {

}
```

（3）定义孙子类 Sun1。

```
package com. igeek_05;

/**
 * Sun1 类直接继承 Zi1 类, 间接继承 Fu1 类与 Object 类, 继承存在多层继承

 */
```

```
public class Sun1 extends Zi1 {

}
```

上述代码说明，可以存在多层继承，也就是在实现 Zi1 类对 Fu1 类的继承之后，还可以实现 Sun1 类对 Zi1 类的继承，以完成更具层次特征的程序架构，而其继承性质完全相同。

6.2　方法重写

6.2.1　方法重写的概念与格式

6.2.1.1　方法重写的概念

当子类继承父类后，拥有了父类的成员并可以直接调用父类非私有方法。如果子类认为父类提供的方法不够强大，子类可以按照子类自身的逻辑重新定义继承过来的父类方法，这个重新定义父类方法的过程叫作方法重写。

方法重写后，调用该方法时不再调用父类的方法，而调用子类重写后的方法。

举例：

当描述一个人类(父类)时，它具有吃饭，睡觉等功能，中国人类(子类)吃饭比较复杂，使用筷子吃饭，则可以继承原有的人类，并重写吃饭功能，在其中修改为更为复杂的用筷子吃的逻辑即可。

注意：在学习完多态和抽象类后我们会对方法重写有更深的理解。

6.2.1.2　方法重写的代码格式

定义一个与父类方法声明完全相同的方法，则方法体重写。

(1) 测试类 OverrideDemo。

```
package com.igeek_01;

/**
 * 方法重写:
 * 当子类想加强父类继承过来的方法时,可以重写该方法
 * 重写格式:
 * 定义一个与父类方法声明完全相同的方法,方法体重写
 */

public class OverrideDemo {
    public static void main(String[ ] args) {
```

```
        //创建子类对象
        Dog dog=new Dog( );

        //调用方法
        //调用了子类重写的方法功能
        dog. eat( );
        //调用了还是子类从父类继承下来的方法功能
        dog. sleep( );
    }
}
```

（2）定义父类 Animal。

```
package com. igeek_01;

/**
 * @Description: 父类 Animal
 */
public class Animal {
    /**
     * @Title: eat
     * @Description: 吃东西的方法
     */
    public void eat( ) {
        System. out. println("继承的方法 1!");
    }

    /**
     * @Title: sleep
     * @Description: 睡觉的方法
     */
    public void sleep( ) {
        System. out. println("继承的方法 2");
    }
}
```

（3）定义子类 Dog。

```
package com. igeek_01;

/**
 *      子类: 增强父类的方法, 可以重写该方法
```

```
 *        格式: 定义一个与父类方法声明完全相同的方法, 方法体重写
 */
public class Dog extends Animal {

    public void eat( ) {
        System. out. println("子类继承父类的方法");
    }
}
```

程序运行结果如下。

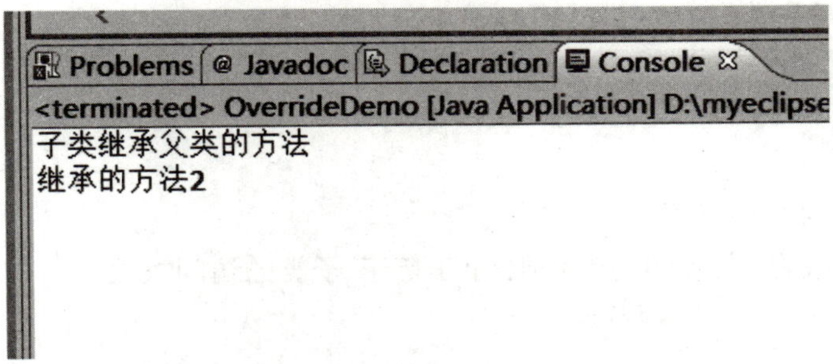

6.2.2　Override 注解解释

子类重写父类的方法时，在方法上添加 @ Override 注解，表示该方法是子类重写父类中的方法。

6.2.3　方法重写注意事项

① 方法名称必须相同。
② 参数列表必须相同。
③ 访问权限相同或子类方法访问权限更大(访问权限顺序 public>默认)。
④ 返回值类型相同。
(1) 定义父类 Animal。

```
package com. igeek_03;

public class Animal {
    /**
     * @Title: eat
     * @Description: 吃东西的方法
     */
    void eat( ) {
        System. out. println("继承的方法 1");
    }
```

```
    /**
     * @Title: sleep
     * @Description: 睡觉的方法
     */
    void sleep( ) {
        System. out. println("继承的方法 2");
    }

}
```

（2）定义子类 Dog。

```
package com. igeek_03;

/**
 * 方法重写的注意事项
 *       访问权限: 父类的访问权限 小于等于 子类的访问权限
 *                 默认权限<public
 */
public class Dog extends Animal {

    //方法重写子类权限大于或等于父类权限
    //返回值类型相同
    //方法名必须相同
    //方法参数必须相同
    /**
     * @Title: eat
     * @Description: 狗吃东西的方法
     * @see com. igeek_02. Animal#eat( )
     */
    @Override
    public void eat( ) {
        System. out. println("子类继承父类的方法");
    }

}
```

程序运行结果如下。

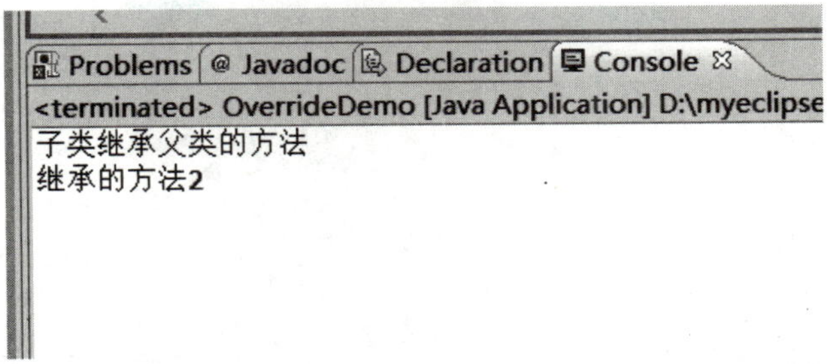

从程序结果来看，方法重写过程中，父类的访问权限小于等于子类的访问权限。

6.2.4　继承后子父类构造调用先后顺序

在每次创建子类对象时，程序均会先初始化父类内容，再初始化其子类本身内容。目的在于子类对象中包含了其对应的父类存储空间，便可以包含了其父类的成员，如果父类成员非 private 修饰，则子类可以随意使用父类成员。

代码编写时，则主要体现在子类的构造方法调用时，必须先调用父类的构造方法。

（1）定义测试类 ConstructorDemo。

```
package com. igeek_04;

/**
 *      子类的构造方法会先调用父类的无参构造,从而保证父类的相关内容会先于子类内容的初识化
 *      子类就可以使用父类的内容了*
 */

public class ConstructorDemo {
    public static void main(String[ ] args) {
        //创建子类对象,验证注释部分的结论
        Zi zi = new Zi( );
    }
}
```

（2）定义父类 Fu。

```
package com. igeek_04;

/**
 * @ClassName: Fu
 * @Description: Fu 父类
 * @date2019 年 6 月 18 日    下午 5: 34: 15
 * Company www. igeekhome. com
```

```
 *
 */
public class Fu {
    /**
     * @Fields name : 姓名
     */
    private String name;

    /**
     * @Title: Fu
     */
    public Fu( ) {
        // super( );
        System. out. println("父类的空参构造方法被调用了");
    }

    /**
     * @Title: Fu
     * @param name
     */
    public Fu(String name) {
        // super( );
        this. name = name;
        System. out. println("父类的带参构造方法被调用了");
    }

    /**
     * @return the name
     */
    public String getName( ) {
        return name;
    }

    /**
     * @param name the name to set
     */
    public void setName(String name) {
```

```
            this. name = name;
        }

}
```

(3) 定义子类 Zi。

```
package com. igeek_04;

public class Zi extends Fu {
    public Zi( ) {
        super( );//这个 super 语句决定了子类构造方法调用父类空参构造
        System. out. println("子类的构造方法被调用了");
    }
}
```

程序运行结果如下。

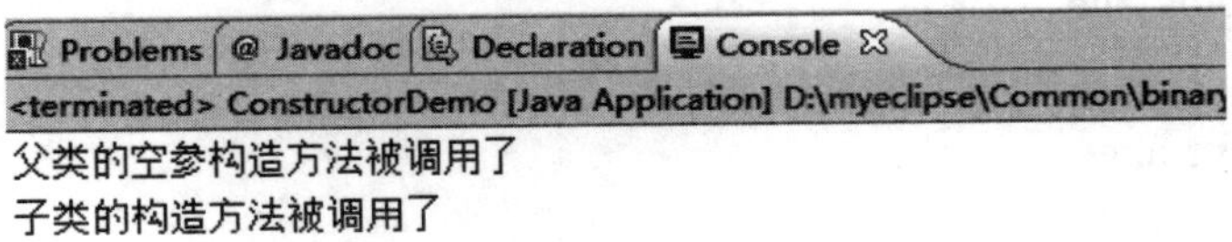

6.2.5　继承后子父类内存图

(1) 定义测试类。

```
package com. igeek_05;

/**
 * this: 当前对象
 * super: 父类存储空间
 ** Person 父类*     name,age
 * Chinese 子类*     address
 */
public class ThisSuperDemo {
    public static void main(String[ ] args) {
        //创建子类对象
        Chinese c = new Chinese("Jack", 18, "中南海");
        //调用该类方法
        System. out. println(c. getName( )+"住在"+c. getAddress( ));
    }
}
```

（2）定义父类 Person。

```
package com. igeek_05;

/**
 *
 * 父类- 人类: *属性:name, age
 */

public  class Person extends Object {
    /**
     * @Fields name : 姓名
     */
    private String name;
    /**
     * @Fields age : 年龄
     */
    private int age;

    /**
     * @Title: Person
     */
    public Person( ) {
    }

    /**
     * @Title: Person
     * @param name
     * @param age
     */
    public Person(String name, int age) {
        this. name = name;
        this. age = age;
    }

    /**
     * @return the name
     */
```

```
    public String getName( ) {
        return name;
    }

    /**
     * @param name the name to set
     */
    public void setName(String name) {
        this. name = name;
    }

    /**
     * @return the age
     */
    public int getAge( ) {
        return age;
    }

    /**
     * @param age the age to set
     */
    public void setAge(int age) {
        this. age = age;
    }
}
```

（3）定义子类 Chinese。

```
package com. igeek_05;

/**
 *
 * 在父类 Person 的基础上，多了地址属性: address
 */
public class Chinese extends Person{
    private String address;

    public Chinese( ) {
        super( );
```

```
    }

    //定义三个参数的构造方法，无须了解细节，在 super 的讲解时会详细介绍
    public Chinese(String name, int age, String address) {
    super(name, age);
    this. address = address;
    }
    public String getAddress( ) {
        returnaddress;
    }

    public void setAddress(String address) {
        this. address = address;
    }
}
```

程序运行结果如下。

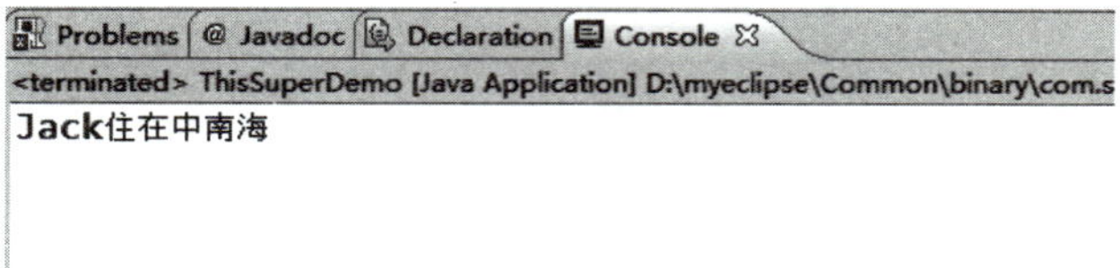

继承后子父类内存图如图 6-2 所示。

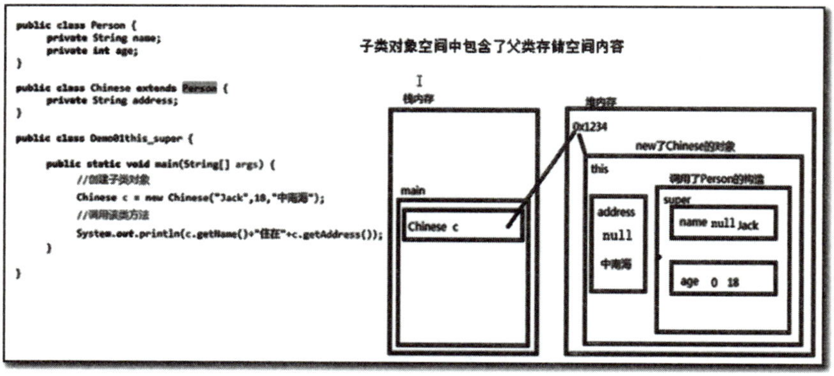

图 6-2　继承后子父类内存图

6.3　this 与 super

6.3.1　this 与 super 访问普通成员

在进行 this 和 super 访问时，需要注意调用方式，如表 6-1 所示。

表 6-1　this 和 super 的调用方式

this. 成员变量	可以访问本类对象的成员变量
super. 成员变量	可以访问父类的成员变量
this. 成员方法()	可以访问本类对象的成员方法
super. 成员方法()	可以访问父类的成员方法

子类方法中，访问子类自身的成员用 this.；访问父类的成员 super.。

从就近性原则，成员访问次序为局部、本类成员、父类成员。

(1) 定义测试类 ThisSuperDemo。

```
package com.igeek_01;

public class ThisSuperDemo {
    public static void main(String[ ] args) {
        //创建子类对象,测试子类中成员的访问方法
        Chinese c=new Chinese( );

        c.testAccess( );
    }
}
```

(2) 定义父类 Person。

```
package com.igeek_01;

/**
 * 父类-人类:
 * 属性:name,age
 */

public class Person extends Object {
    String name="Rose";
    int age=16;

    int i=300;

    public Person( ) {
        super( );
```

```
    }

    public Person(String name, int age) {
        super( );
        this. name = name;
        this. age = age;
    }

    /**
     * @Title: eat
     * @Description: 吃饭的方法
     */
    public void eat( ) {
        System. out. println("吃饭");
    }
}
```

（3）定义子类 Chinese。

```
package com. igeek_01;

/**
 * 在父类 Person 的基础上,多了地址属性:
 * address
 */
public class Chinese extends Person{
        String address = "北京";
    int i = 200;

    public Chinese( ) {
        super( );
    }

    //定义三个参数的构造方法, 无须了解细节, 在 super 的讲解时会详细介绍
    public Chinese(String name, int age, String address) {
        super(name, age);
        this. address = address;
    }

    @Override
```

```
    public void eat( ) {
        System. out. println("子类吃饭");
    }

    /**
     * @Title: testAccess
     * @Description: 测试访问成员的方法
     */
    public void testAccess( ) {
        //访问成员时, 在不考虑 private 修饰的情况下
        //本类对象成员用 this. 调用
        //父类成员用 super. 调用
        System. out. println(this. address);
        System. out. println(super. name);
        System. out. println(super. age);
        this. eat( );
        super. eat( );

        int i=100;

        System. out. println(i);
        System. out. println(this. i);
        System. out. println(super. i);
    }
}
```

程序运行结果如下。

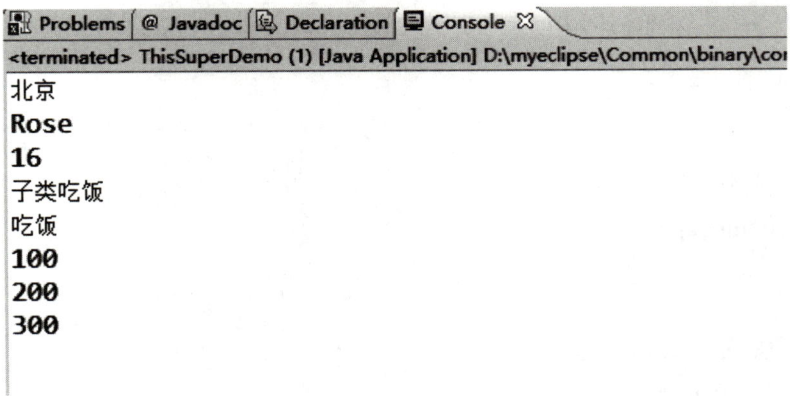

6.3.2 super 访问父类构造方法

super 调用父类构造方法如表 6-2 所示。

表 6-2 super 调用父类构造方法

this(其他参数)	可以访问本类其他的构造方法
super(其他参数)	可以访问父类其他的构造方法

默认子类调用父类构造方法如下：

子类的每个构造方法中均有默认的 super()，调用父类的无参构造函数；如手动调用父类构造函数，则覆盖默认的 super()函数。

(1) 定义测试类 ThisSuperConstructorsDemo。

```
package com.igeek_02;

/**
 * super 在子类中调用父类的构造方法
 * this 在子类中调用子类其他的构造方法
 */

public class ThisSuperConstructorsDemo {
    public static void main(String[ ] args) {
        //测试: 子类调用父类的带参构造
        Chinese c=new Chinese("杰克",18);
        System.out.println(c.getAge( )+"岁的"+c.getName( ));

    }
}
```

(2) 定义父类 Person。

```
package com.igeek_02;

/**
 * 父类-人类:
 * 属性:name,age
 */

public class Person extends Object {
    private String name="Rose";
    private int age=16;
```

```
    public Person( ) {
        System. out. println("父类空参构造");
    }
    public Person(String name, int age) {
        System. out. println("父类带参构造");
        this. name = name;
        this. age = age;
    }

    public void eat( ) {
        System. out. println("吃饭");
    }

    public String getName( ) {
        return name;
    }
    public void setName(String name) {
        this. name = name;
    }
    public int getAge( ) {
        return age;
    }
    public void setAge(int age) {
        this. age = age;
    }

}
```

（3）定义子类 Chinese。

```
package com. igeek_02;

public class Chinese extends Person{
    public Chinese( ) {
        System. out. println("子类的空参构造方法");
    }
    public Chinese(String name, int age) {
        super(name, age);
        System. out. println("子类的带参构造");
    }
```

```
        @Override
        public void eat( ) {
                System. out. println("子类吃饭");
        }

}
```

程序运行结果如下。

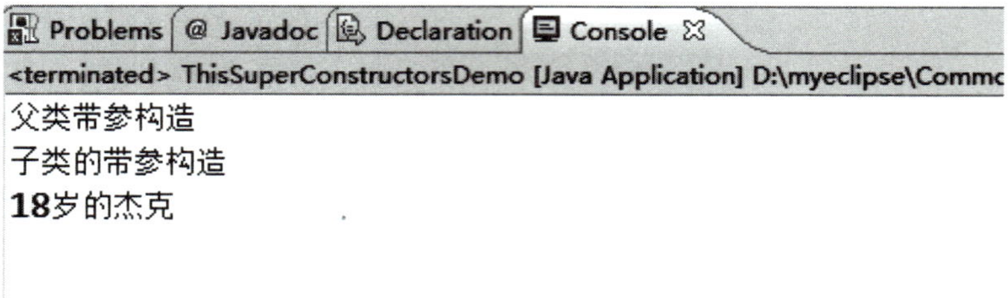

从该程序，可以看出子类可以使用 super(参数)调用父类的构造方法。

6.3.3 this 访问子类构造方法

在子类构造中使用 this( )或 this(参数类型 参数值…)的方法可以调用本类中的其他构造方法。但是最终都是要调用父类的构造方法，完成父类成员的初始化。

(1) 定义测试类 ThisSuperConstructorsDemo。

```
package com. igeek_03;

/**
 *      super 在子类中调用父类的构造方法
 *      this 在子类中调用子类其他的构造方法
 */
public class ThisSuperConstructorsDemo {
        public static void main(String[ ] args) {
                //测试:子类调用父类的带参构造
                Chinese c=new Chinese("杰克", 18);
                System. out. println(c. getAge( )+"岁的"+c. getName( ));

                System. out. println("====================");
                //测试: 子类调用子类的其他构造
                Chinese c2=new Chinese( );
                System. out. println(c2. getAge( )+"岁的"+c2. getName( ));

        }
}
```

（2）定义父类 Person。

```
package com. igeek_03;

/**
 *      父类-人类:
 *      属性:name、age
 */
public class Person {
    private String name;
    private int age;
    public Person( ) {
        System. out. println("父类空参构造");
    }
    public Person(String name, int age) {
        System. out. println("父类带参构造");
        this. name = name;
        this. age = age;
    }
    public void eat( ){
        System. out. println("吃饭");
    }
    public String getName( ) {
        return name;
    }
    public void setName(String name) {
        this. name = name;
    }
    public int getAge( ) {
        return age;
    }
    public void setAge(int age) {
        this. age = age;
    }
}
```

（3）定义子类 Chinese。

```
package com. igeek_03;

/**
```

```
 *      子类可以使用 super(参数)调用父类的构造方法
 */
public class Chinese extends Person{
    public Chinese( ) {
        //使用 this 调用本类的两个参数的构造
        this("默认", 20);
        System. out. println("子类的空参构造方法");
    }
    public Chinese(String name, int age) {
        super(name, age);
        System. out. println("子类的带参构造方法");
    }
    @Override
    public void eat( ) {
        System. out. println("子类吃饭");
    }
}
```

程序运行结果如下。

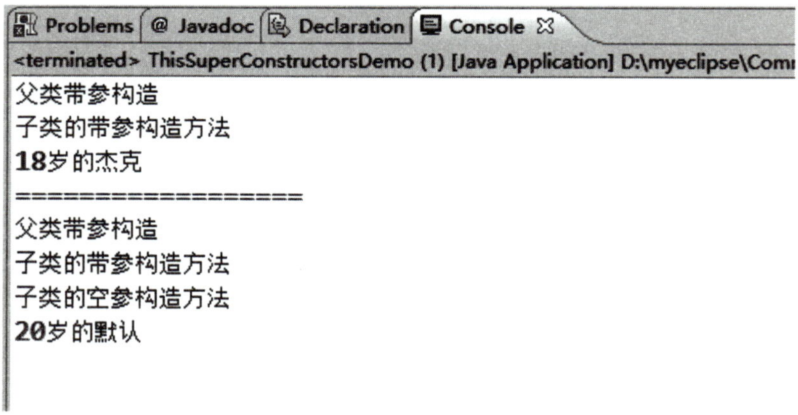

从该程序，可以看出子类可以使用 super(参数)调用父类的构造方法，使用 this(参数)调用子类自身的构造方法。

6.3.4 单个继承训练

Java 不支持多重继承，只允许一个类直接继承另一个类，即子类只能有一个父类，extends 关键字后面只能有一个类名。

需求描述如下。

① 员工类：员工姓名、员工薪水、员工工作方法。

② 经理类：除了员工属性还多加了奖金，工作方法为打印“管理酒店”。

③ 服务员类：属性和员工的属性相同，工作方法为打印“上菜与结账”。

④ 厨师类：属性和员工的属性相同，工作方法为打印“做饭”。

假设共有 1 个经理，2 个服务员，1 个厨师，所有人的属性任意定义，所有的员工均工作，并求所有人的总收入。

（1）定义员工类。

```
package com. igeek_04;

/**
 * 定义父类员工类
 * 员工姓名, 员工薪水, 员工工作方法

public class Employee {
    private String name;
    private double salary;
    public Employee( ) {
        super( );
    }
    public Employee(String name, double salary) {
        super( );
        this. name=name;
        this. salary=salary;
    }
    public void work( ) {
        System. out. println("work");
    }
    public String getName( ) {
        return name;
    }
    public void setName(String name) {
        this. name=name;
    }
    public double getSalary( ) {
        return salary;
    }
    public void setSalary(double salary) {
        this. salary=salary;
    }
}
```

（2）定义经理类。

```
package com. igeek_04;

/**
 * 定义子类经理类
 * 经理类, 多加了奖金, 工作方法为打印"管理酒店"
 */
public class Manager extends Employee {
    private double bonus;
    public Manager( ) {
        super( );
    }
    public Manager(String name, double salary, double bonus) {
        super(name, salary);
        this. bonus = bonus;
    }
    @Override
    public void work( ) {
        System. out. println("管理酒店");
    }

  /**
   * @return the bonus
   */
    public double getBonus( ) {
        return bonus;
    }

  /**
   * @param bonus the bonus to set
   */
    public void setBonus(double bonus) {
        this. bonus = bonus;
    }

}
```

(3) 定义服务员类。

```
package com. igeek_04;

/**
 *       服务员类, 工作方法为打印"上菜与结账"
 */
public class Waiter extends Employee {
      public Waiter( ) {
            super( );
      }
      public Waiter(String name, double salary) {
            super(name, salary);
      }
      @Override
      public void work( ) {
            System. out. println("上菜与结账");
      }
}
```

(4) 定义厨师类。

```
package com. igeek_04;

/**
 *       厨师类, 工作方法为打印"做饭"
 */
public class Cook extends Employee{
      public Cook( ) {
            super( );
      }
      public Cook(String name, double salary) {
            super(name, salary);
      }
      @Override
      public void work( ) {
            System. out. println("做饭");
      }
}
```

（5）定义测试类。

```
package com. igeek_04;

/**
 * 员工类
 * 员工姓名, 员工薪水, 员工工作方法
 * 经理类, 多了奖金, 工作方法为打印"管理酒店"
 * 服务员类, 工作方法为打印"上菜与结账"
 * 厨师类, 工作方法为打印"做饭"
 ** 假设共有 1 个经理, 2 个服务员, 1 个厨师,所有人的属性任意定义
 * 求所有人的总收入
 */
public class DemoTest {
    public static void main(String[ ] args) {
        //创建四个员工
        Manager manager = new Manager("Jack", 5000, 2000);
        Waiter w1 = new Waiter("Rose", 3000);
        Waiter w2 = new Waiter("Obama", 3000);
        Cook c = new Cook("Trump", 6000);

        //调用让所有的员工工作的方法
        employee_work(manager, w1, w2, c);

        //调用方法,返回所有人的收入
        double sum = getSum(manager, w1, w2, c);
        System. out. println("sum: "+sum); }

    public static void employee_work(Manager m, Waiter w1, Waiter w2, Cook c){
        m. work( );
        w1. work( );
        w2. work( );
        c. work( );
    }
    public static double getSum(Manager m, Waiter w1, Waiter w2, Cook c){
        returnm. getSalary ( ) + m. getBonus ( ) + w1. getSalary ( ) + w2. getSalary ( ) +
c. getSalary( );
    }
}
```

程序运行结果如下。

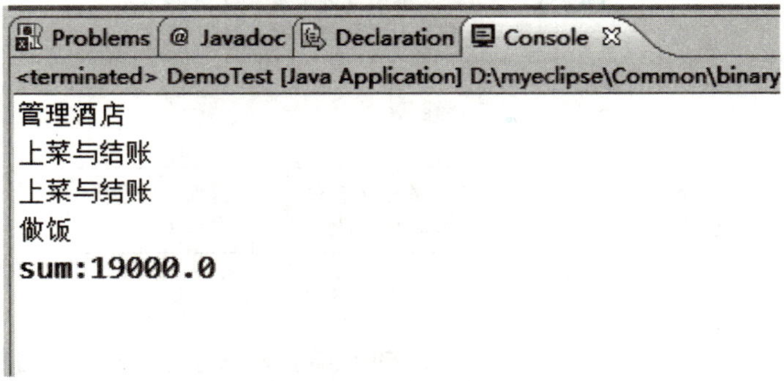

6.4　抽象类与抽象方法

6.4.1　抽象类与抽象方法引入

如果一个类只定义了一个为所有子类共享的一般形式，至于细节则交给每一个子类去实现，这种类没有任何具体的实例，只具有一些抽象的概念，那么这样的类称为抽象类。

抽象类用来描述一种类型应该具备的基本特征与功能，具体如何去完成这些行为由子类通过方法重写来完成，如：犬科均会吼叫，但属于犬科的狼与狗其吼叫内容不同。所以犬科规定了有吼叫功能，但并不明确吼叫的细节。

吼叫的细节应该由狼与狗这样的犬科子类重写吼叫的方法具体实现。

类似上边犬科中的吼叫功能，并不明确实现细节但又需要声明的方法可以使用抽象方法的方式完成。即抽象方法是指只有功能声明，没有功能主体实现的方法。

具有抽象方法的类则定义为抽象类；那么犬科就可以定义为抽象类，吼叫方法为抽象方法，本身并没有方法体。

抽象类不实例化对象，但抽象类的非抽象子类可以实例化对象。非抽象子类对象可以赋值给抽象父类的对象变量。

如：抽象父类　对象变量=new 非抽象子类()；。

6.4.2　抽象类的定义格式

抽象类定义格式如下。

```
abstract class 类名 {
}
```

抽象方法定义格式如下。

```
public abstract 返回值类型 方法名(参数);
```

Employee 抽象类关系如图 6-3 所示。

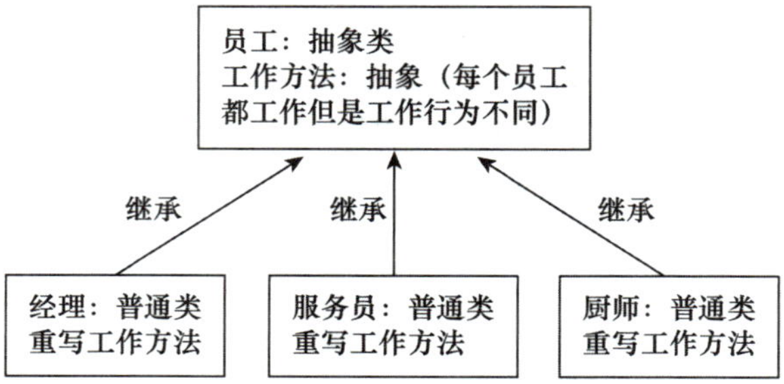

图 6-3　Employee 抽象关系图

读者试着将上一节的 Employee 类修改为抽象类，work 方法修改成抽象方法。

（1）重写父类。

```
package Abstract_com.igeek_02;

/**
*    抽象的父类
*/
public abstract class Employee {
    //抽象方法。需要 abstract 修饰,并分号;结束
    /**
    *@Title: work
    *@Description: 抽象工作方法
    */
    public abstract void work( );
}
```

（2）定义具体子类 Waiter。

```
package Abstract_com.igeek_02;

/**
*@ClassName: Waiter
*@Description: 具体子类 Waiter 服务员类
*    定义抽象父类的具体子类
*/
public class Waiter extends Employee {

    /*
    *重写了父类的抽象方法,加入了方法体,描述出具体逻辑
    */
    /**
    *@Title: work
```

```
        *@ Description: 服务员的工作类
        *@ see com.igeek_03.Employee#work( )
        */
        @ Override
        public void work( ) {
            System.out.println("服务员的工作类!");
        }
}
```

（3）定义测试类 AbstractDemo。

```
package com. igeek_02;

public class AbstractDemo {
    public static void main(String[ ] args) {
        //创建一个父类对象不可以，因为该类为抽象类
        //Employee e = new Employee( );

        //创建具体的子类对象
        Waiter waiter = new Waiter( );
        //调用子类重写的父类抽象方法
        waiter. work( );


    }
}
```

程序运行结果如下。

从该程序运行结果，可以看出酒店中员工、经理、服务员、厨师之间的关系是怎样的？你会与一个员工沟通还是与一个具体职位的服务员或经理等沟通？

员工父类，定义了其他类的共性内容，如成员变量：工号，姓名，年龄，工资；成员方法：工作方法（work）。

真正创建对象，使用对象时，程序往往只使用其子类。而对于上边父类中 work 的这个方法，每个子类都会重写该方法。

通过以上分析可发现：

员工的 work 方法一定会被子类重写为具体的逻辑，此时可以将该方法定义为抽象方法，仅仅声明有该方法，但是没有具体的方法体，该方法称为抽象方法。

员工类 Employee 描述了酒店经理、服务员和厨师共有的属性以及抽象方法 work，在实际应用中用户只研究某一个具体的经理、服务员或厨师，Employee 类定义为抽象类。

所以，可以得出抽象类相关的具体定义：抽象类用来描述一种类型应该具备的基本特征与功能，具体如何去完成这些行为由子类通过方法重写来完成。

- 抽象方法是指只有功能声明，没有功能主体实现的方法。
- 具有抽象方法的类一定为抽象类。
- 抽象定义关键字：abstract。
- 抽象类不能创建对象。
- 抽象类也有构造方法。

6.4.3 抽象类的构造方法

抽象类的构造方法存在的意义：子类构造方法中通过 super 语句调用抽象父类的构造方法，为抽象父类中的成员变量赋值初始化；而赋值完成的成员变量可以被子类的对象使用。

(1) 定义抽象父类 Employee。

```
package com.igeek_03;

/**
 *      抽象的父类
 */
public abstract class Employee {

     //抽象类中定义正常的成员变量
    /**
     * @Fields name: 姓名
     */
    private String name;

    //构造方法
    public Employee( ) {
        super( );
    }

    //该构造方法,不能直接被程序员调用,因为该类为抽象类,不能直接创建对象
    //但是在创建子类对象时,子类的构造方法,可以调用父类的构造方法,为子类对象中的父类存储空间赋值
    public Employee(String name) {
        super( );
        this.name=name;
```

```
    }

    //抽象方法:需要 abstract 修饰,并用分号;结束
    public abstract void work( );

    /**
     * @return the name
     */
    public String getName( ) {
        return name;
    }

    public void setName(String name) {
        this. name=name;
    }
}
```

（2）定义具体子类 Waiter。

```
package com. igeek_03;

/**
 *   定义抽象父类的具体子类
 */
public class Waiter extends Employee {

    /*
     * 重写了父类的抽象方法, 加入了方法体, 描述出具体逻辑
     */
    @Override
    public void work( ) {
        System. out. println("服务员的工作类!");
    }
}
```

（3）定义测试类 AbstractDemo。

```
package com. igeek_03;

/**
```

```
 * 抽象类不能创建对象,抽象有构造方法
 */

public class AbstractDemo {
    public static void main(String[ ] args) {
        //创建具体的子类对象时, 子类的构造会调用父类的构造
        //为成员变量赋值
        Waiter waiter = new Waiter("Rose");
        //调用子类重写的父类抽象方法
        waiter. work( );

        System. out. println(waiter. getName( ));
    }
}
```

程序运行结果如下。

从该程序运行结果，可以看出抽象父类的构造方法，可以完成类似为成员变量赋值的动作，从而这些成员变量可以被子类对象使用。

6.4.4　抽象类的特点及常见疑惑

1. 抽象类的特点

（1）抽象类和抽象方法都需要被 abstract 修饰，抽象方法一定要定义在抽象类中。

（2）抽象类不可以直接创建对象，原因是这样调用抽象方法没有意义。

（3）只有覆盖了抽象类中所有的抽象方法后，其子类才可以创建对象，否则该子类还是一个抽象类。

之所以继承抽象类，更多的是在思想，是面对共性类型操作会更简单。

2. 抽象类的疑虑

（1）抽象类一定是个父类，因为抽象类是不断抽取共性需求而来的。

（2）抽象类中是可以不定义抽象方法的，此时仅仅是不让该类创建对象，用于某些特殊的设计需要。

（3）设计时由具体类抽取出抽象类，而开发阶段应该先定义抽象父类，再根据不同需求由父类定义子类。

6.5 接　口

6.5.1 接口概念

接口类似于类，但接口的成员没有执行体，它只是方法、属性、事件和索引符的组合而已。接口不能被实例化，接口没有构造方法。在应用程序中，接口就是一种规范，它封装了可以被多个类继承的公共部分。

接口把方法的特征和方法的实现分隔开来，这种分隔体现在接口上，常常代表一个角色，它包装与该角色相关的操作和属性，而实现这个接口的类便是扮演这个角色的演员。一个角色由不同的演员来演，而不同的演员之间除了扮演一个共同的角色之外，并不要求其他的共同之处。

接口对于其声明、变量和方法都做了许多限制，这些限制作为接口的特征归纳如下。

(1) 具有 public 访问控制符的接口，允许任何类使用；没有指定 public 的接口，其访问将局限于所属的包。

(2) 方法的声明不需要其他修饰符，在接口中声明的方法，将隐式地声明为公有的(public)和抽象的(abstract)。

(3) 在 Java 接口中声明的变量其实都是常量，接口中的变量声明，将隐式地声明为 public、static 和 final，即常量，所以接口中定义的变量必须初始化。

(4) 接口没有构造方法，不能被实例化。

6.5.2 接口案例分析

在上一节案例的基础上，添加新需求：经理和司机有开车理论测试、场地行驶、路上行驶三个方法，而厨师和服务员都没有，如图 6-4 所示。

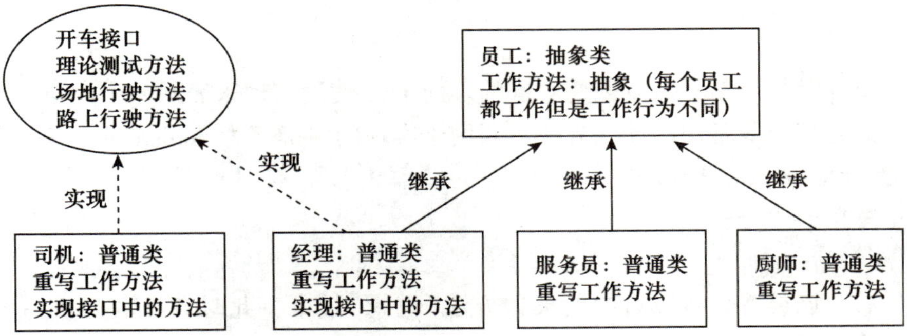

图 6-4　添加开车接口

6.5.3 接口的定义

与定义类的 class 不同，接口定义时需要使用 interface 关键字。

定义接口文件的后缀名为 . java，虽然声明时使用的是 interface 关键字，但其编译后仍然会产生 . class 文件。这点可以将接口看作是一种只包含了功能声明的特殊类。

接口的定义格式如下。

```
public interface 接口名 {
    抽象方法 1;
    抽象方法 2;
    常量声明 1;
    常量声明 2;
}
```

使用 interface 代替了原来的 class，其他步骤与定义类相同，即：

(1) 接口中的方法均为公共访问的抽象方法；

(2) 接口中无法定义普通的成员变量。

开车接口举例如下。

```
package com. igeek_02;

/**
 *      具备开车功能的类,具备三个方法: 理论, 场地, 路上行驶
 */
public interface Driveable {
    public abstract void theoryTest( );
    public abstract void fieldDrive( );
    public abstract void roadDrive( );

}
```

6. 5. 4 接口的使用方式

首先，要注意接口是不可以创建对象的。而 Java 使用实现来表示一个类与一个接口之间的关系，这是接口最常用的使用方法，而用于实现的关键字为 implements，其格式如下。

```
class 类 implements 接口 {
    重写接口中方法
}
```

在实现后，该类就会将接口中的抽象方法”继承”过来，此时该类需要重写该抽象方法，完成具体的逻辑。

总之，程序在接口中定义功能，只声明功能，没有具体的实现，一切类需要具有该功能时均可以实现该接口。

具体实现类中重写方法，实现功能，是方法的具体实现。

(1) 定义员工抽象父类 Employee。

```
package com. igeek_03;

/**
 *     抽象的父类
 */
public abstract class Employee {

    //抽象类中定义正常的成员变量
    private String name;

    //构造方法
    public Employee( ) {
        super( );
    }
    public Employee(String name) {
        super( );
        this. name=name;
    }

    //抽象方法。需要 abstract 修饰, 并分号; 结束
    public abstract void work( );
    public String getName( ) {
        return name;
    }
    public void setName(String name) {
        this. name=name;
    }
}
```

（2）定义开车接口。

```
package com. igeek_03;

/**
 *     具备开车功能的类,具备三个方法: 理论,场地,路上行驶
 */
public interface Driveable {
    public abstract void theoryTest( );
    public abstract void fieldDrive( );
    public abstract void roadDrive( );

}
```

（3）定义服务员具体子类 Waiter。

```
package com.igeek_03;

/**   定义抽象父类的具体子类*/
public class Waiter extends Employee {
    public Waiter( ) {
        super( );
    }
    //子类的构造方法可以调用父类的构造方法
    //这里,一个参数的子类构造,调用了父类一个参数的构造,为父类的成员变量赋值
    //但是最终还是子类对象自己使用这个成员变量
    public Waiter(String name) {
        super(name);
    }
    /*
     * 重写了父类的抽象方法,加入了方法体,描述出具体逻辑
     */
    @Override
    public void work( ) {
        System.out.println("等着顾客叫餐!");
    }
}
```

（4）定义司机具体子类 Driver。

```
package com.igeek_03;

/**
* 定义司机类
* 是员工的子类,继承员工
* 会开车,实现开车接口
*/

public class Driver extends Employee implements Driveable {

    //如果需要的话,可以加入带参的构造方法

    //重写接口方法
    @Override
```

```
    public void theoryTest( ) {
        System. out. println("驾照理论习题 1000 道");
    }

    @Override
    public void fieldDrive( ) {
        System. out. println("会倒车入库, 会侧方停车");
        System. out. println("坡道起步");
    }

    @Override
    public void roadDrive( ) {
        System. out. println("不撞人, 不闯红灯, 不超员");
        System. out. println("以前开公交, 现在开大巴");
    }
    //重写父类方法
    @Override
    public void work( ) {
        System. out. println("上班接人, 下班送人");
    }

}
```

（5）定义经理具体子类 Manager。

```
package com. igeek_03;

/**     经理需要具备开车的功能,则实现开车接口*/
public class Manager extends Employee implements Driveable {

    /**
    * @Title: Manager
    */
    public Manager( ) {
        super( );
    }
    public Manager(String name) {
        super(name);
    }
```

```
    //让经理类实现开车功能接口,重写三个方法,具备开车功能
    @Override
    public void theoryTest( ) {
        System. out. println("驾照理论习题 1000 道");
    }
    @Override
    public void fieldDrive( ) {
        System. out. println("会倒车入库,会侧方停车");
    }
    @Override
    public void roadDrive( ) {
        System. out. println("不撞人,不闯红灯");
        System. out. println("经理开的是高级车奇瑞 qq~");
    }
    @Override
    public void work( ) {
        System. out. println("管理餐厅人员及设备!");
    }

}
```

（6）定义接口使用的测试类。

```
package com. igeek_03;

/**
*       接口的定义格式,使用格式
*       *     接口关键字:interface
*       使用接口,就是使用类实现接口,实现的关键字是 implements,重写方法
*/
public class InterfaceDemo {
    public static void main(String[ ] args) {
        //创建实现了接口的经理类,调用接口方法
        Manager m = new Manager("Jack");
        m. theoryTest( );
        m. fieldDrive( );
        m. roadDrive( );

        System. out. println("=================");
```

```
        //创建新的扩展类,调用方法
        Driver driver=new Driver( );
        driver. theoryTest( );
        driver. fieldDrive( );
        driver. roadDrive( );
    }
}
```

程序运行结果如下。

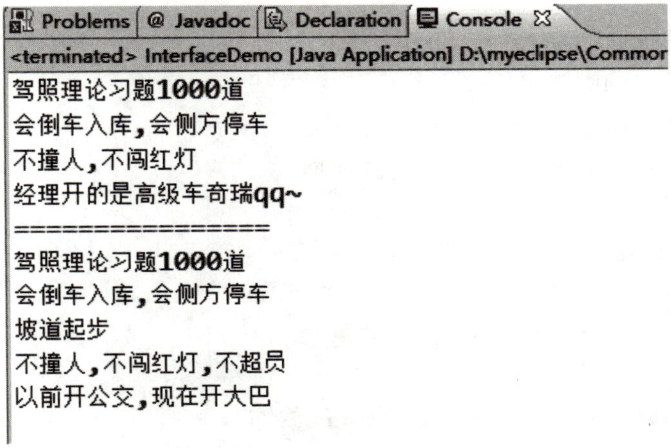

6.5.5　接口使用的注意事项

(1) 类只能由单个类来继承，接口可以由多个接口来继承，接口可以由多个类来实现。

(2) 类可以在继承一个类的同时，实现多个接口。

(3) 接口与父类的功能可以重复，均代表要具备某种功能，并不冲突。

```
class A {
    public void method( ) {
    }
}

interface B {
    public abstract void method( );
}

class C extends A implements B {
    //如果不重写 method( )方法,使用的是 A 中的 method( )方法
    //如果重写 method( )方法将同时重写 A 和接口 B 中的 method( )方法
}
```

6.5.6 接口中成员特点

（1）接口中可以定义变量，但是变量必须有固定的修饰符修饰，即 public static final，所以接口中的变量也称之为常量，其值不能改变。static 与 final 关键字在后期单元会进行详细展开。

（2）接口中可以定义方法，方法也有固定的修饰符，即 public abstract。

（3）接口不可以创建对象。

（4）子类必须覆盖掉接口中所有的抽象方法后，子类才可以实例化。否则子类是一个抽象类。

```
package com. igeek_05;
/**    测试接口的固定成员*/
public interface MyInterface {
    //接口中都使用 public static final 修饰
    /**
    * @Fields name : 名字的常量
    */
    public static final String name = "你好";

    //所有的成员方法均为 public abstract 修饰
    /**
    * @Title: method
    * @Description: 抽象方法
    */
    public abstract void method( );

}
package com. igeek_05;
public class MyClass4Interface implements MyInterface{

    //使用方法重写时,访问权限子类与父类相同, 或者子类比父类权限大
    @Override
    public void method( ) {
        System. out. println("子类重写的方法");
    }

}
package com. igeek_05;
```

```
/**
 * 接口中固定修饰符
 * 没有构造方法
 * 所有的成员变量都不是成员变量，而是静态常量(讲 static 关键字时，详细介绍)，都使用 public static final 修饰
 * 所有的成员方法均为 public abstract 修饰
 */

public class InterfaceMemberDemo {
    public static void main(String[ ] args) {
        //创建实现类的对象
        MyClass4Interface m4i = new MyClass4Interface( );
        m4i. method( );
    }
}
```

程序运行结果如下。

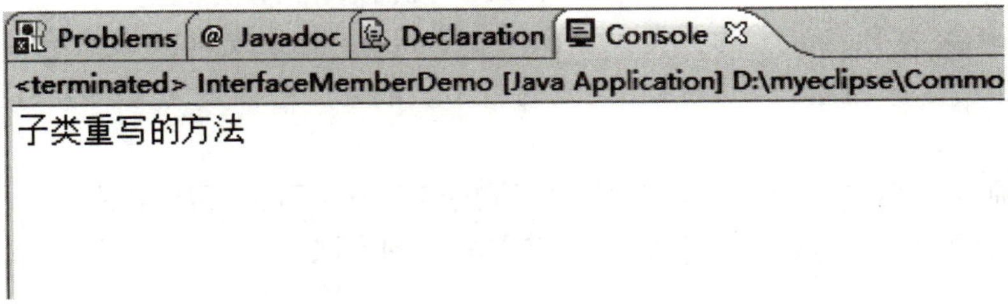

6.5.7　接口与抽象类概念辨析

（1）当“我是你的一种”时，子类继承父类，即代表了类与类之间的关系，该体系的类都应该具备父类的共性。

例如：厨师、经理、服务员都属于员工的一种，都应该继承员工。

（2）当“我应该像你一样具备这些功能”时，类实现接口，即代表类与功能的关系，将功能的声明与实现分离，并不是该体系内所有类都需要的额外功能。

例如：只有经理和司机具备开车的技能，需要把开车的技能单独定义在接口中，可以让经理和司机去实现。

6.5.8　接口与抽象类使用辨析

（1）类继承类 extends，只能单继承；

接口继承接口 extends，可以多继承；

类实现接口 implements，可以多实现；

接口不可以继承类。

(2)抽象类中可以有非抽象方法；
　　接口中全部为抽象方法。
(3)抽象类具有成员变量；
　　接口没有普通的成员变量。
(4)抽象类中的成员无固定修饰符；
　　接口中的成员有固定修饰符。

6.6 多　态

6.6.1 多态概述

多态是继封装、继承之后，面向对象的第三大特性。现实事物经常会体现出多种形态，如学生，学生是人的一种，则一个具体的同学张三既是学生也是人，即出现两种形态。

Java 作为面向对象的语言，同样可以描述一个事物的多种形态。如 Student 类继承了 Person 类，一个 Student 的对象便既是 Student，又是 Person。

Java 中多态的代码体现在：一个子类(实现类)对象既可以赋值给这个子类(实现类)引用变量，又可以赋值给这个子类(实现类)的父类(接口)引用变量。

如 Student 类为 Person 类的子类，那么一个 Student 对象既可以赋值给一个 Student 类型的引用，也可以赋值给一个 Person 类型的引用。最终多态体现为父类引用变量可以指向子类对象。

多态的前提是必须有继承关系或者类实现接口关系，否则无法完成多态。在使用多态后的父类引用变量调用方法时，会调用子类重写后的方法。

6.6.2 多态的定义与使用格式

多态的定义格式：就是父类的引用变量指向子类对象。

(1) 普通类多态定义的格式如下。

```
父类  变量名=new 子类();
如:  class Fu {}
     class Zi extends Fu {}
     //类的多态使用
     Fu f=new Zi();
```

(2) 抽象类多态定义的格式如下。

```
抽象类  变量名=new 抽象类子类();
如:  abstract class Fu {
public abstract void method();
        }
     class Zi extends Fu {
          public void method(){
```

```
            System. out. println("重写父类抽象方法");
        }
    }
    //类的多态使用
    Fu fu = new Zi( );
```

(3) 接口多态定义的格式如下。

```
接口 变量名 = new 接口实现类( );
如:interface Fu {
        public abstract void method( );
    }
    class Zi implements Fu {
        public void method( ){
                System. out. println("重写接口抽象方法");
            }
        }
    //接口的多态使用
    Fu fu = new Zi( );
```

6.6.3　多态案例

已知动物类：动物都有吃饭和睡觉方法。

人类是动物的一种：人不但吃饭、睡觉，而且会学习和工作。

```
package com. igeek_03;

/**
* 用于展示多态的抽象父类
** 吃饭,睡觉功能
*/

public abstract class Animal {

    public void eat( ) {
        System. out. println("动物吃了");
    }
    public abstract void sleep( );

}
```

```
package com.igeek_03;

/**
 * 用于展示多态的子类
 * 在父类的共性功能之外,有自己的学习工作方法
 */

public class Person extends Animal{

    //重写父类方法
    @Override
    public void eat( ) {
        System.out.println("人类用筷子吃饭");
    }

    @Override
    public void sleep( ) {
        System.out.println("人类在床上躺着睡觉");
    }
    //定义自身特有方法
    public void study( ) {
        System.out.println("人类学习书本知识与实践科学");
    }

    public void work( ) {
        System.out.println("人类努力, 充分利用时间");
    }
}

package com.igeek_03;

public class SubClassTypeDemo {
    public static void main(String[ ] args) {

        //创建子类对象, 让其展示不同的状态(多态)
        //不产生多态
        Person p = new Person( );
```

```
        p. eat( );
        p. sleep( );
        p. work( );
        p. study( );
        System. out. println("====================");

        //使用多态,只表现出父类(等号左边的数据类型)的功能
        Animal a=new Person( );
        a. eat( );
        a. sleep( );
        //a. work( ); 多态后不能再调用子类特有方法了
    }
}
```

程序运行结果如下。

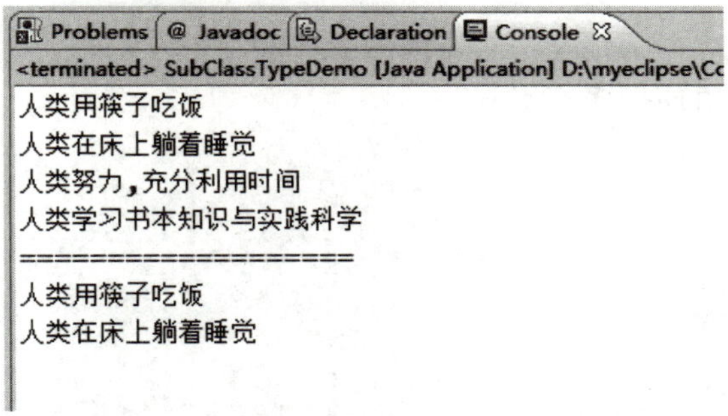

从该程序可以看出，多态的前提必须有继承关系，或者实现接口关系，当出现多态后，其调用的方法是类重写后的方法。

6.6.4　多态使用场景

一般在以下场景当中使用多态。

(1) 使用多态为成员变量赋值，局部变量赋值。

```
class Father{
}
class Son extends Father{
    Father f=new Son( );              //使用多态形式为成员变量 f 赋值

    public void method( ){
        Father f2=new Son( );  //使用多态的形式为局部变量 f2 赋值
    }
}
```

（2）方法传参使用多态形式（最常用、最能体现出多态优点的应用）。

```
class Father{

}
class Son extends Father{

}
class Demo{
      public static void main(String[ ] args) {
            Son s=new Son( );
            method(s);
      }
      public static void method(Father f){//f 接收父类对象或者子类对象

      }
}
```

（3）方法返回返回值使用多态形式。

```
class Father{

}
class Son extends Father{

}
class Demo{
      public static void main(String[ ] args) {
            Son s=new Son( );
            Father f=method( );
      }
      public static Father method( ){
      Son s=new Son( );
            //由于返回值类型为 Father, 所以既可以返回父类对象又可以返回子类对象
            return s;
      }
}
```

```
package com. igeek_04;

public abstract class Animal {
```

```
    /**
    * @Title: eat
    * @Description: 普通的吃的方法
    */
    public void eat( ) {
        System. out. println("动物吃了");
    }

    /**
    * @Title: slee
    * @Description: 抽象睡觉方法
    */
    public abstract void sleep( );

}

package com. igeek_03;

public class Person extends Animal{

    //重写父类方法
    @Override
    public void eat( ) {
        System. out. println("人类用筷子吃饭");
    }

    /**
    * @Title: sleep
    * @Description: 实现父类的睡觉方法
    * @see com. igeek_03. Animal#sleep( )
    */
    @Override
    public void sleep( ) {
        System. out. println("人类在床上躺着睡觉");
    }

    //定义自身特有方法
    /**
```

```
     * @Title: study
     * @Description: 学习方法
     */
    public void study( ) {
        System. out. println("人类学习书本知识与实践科学");
    }

    /**
     * @Title: work
     * @Description: 工作方法
     */
    public void work( ) {
        System. out. println("人类努力, 充分利用时间");
    }
}

package com. igeek_04;
/**
 * @ClassName: SubClassTypeDemo
 * @Description: 子类多态的测试类
 * @date2019 年 6 月 14 日   下午 3: 26: 43
 *
 *
 * 多态的前提必须有子父类关系, 或者实现接口关系
 *
 * 举例
 * 父类: 动物类
 *       共性的吃饭, 睡觉方法
 *    子类:
 *          猪类: 共性功能
 *                拱地功能
 *          狗类: 共性功能
 *                看门功能
 *          人类: 共性功能
 *                学习, 工作功能
 *
 *    多态:
 *          父类(接口)引用变量可以指向子类对象, 展现出父类(接口)的功能
```

```
 *          子类引用变量可以指向子类对象，展现出子类的功能
 *          子类对象可以表现出多种形态，这多种形态叫作多态
 *
 *      多态代码格式：
 *      父类类型变量名 = new 子类类型( );
 *      变量名 . 方法名( );
 *
 *      当出现多态后，其调用的方法是类重写后的方法
 *
 *      多态的使用场景：
 *          为变量赋值时使用多态,达到父类应用指向子类对象的赋值
 *          直接为变量赋值
 *          调用方法时，为方法参数赋值
 *          方法返回值，可以定义父类类型，但是返回子类对象，当该方法被调用时，用父
类类型接收
 *
 *      多态的好处：
 *          大大提高了程序的扩展性
 *          提高了程序的复用性
 */

public class SubClassTypeDemo {
    public static void main(String[ ] args) {

        //创建子类对象,让其展示不同的状态(多态)
        //不产生多态
        Person p = new Person( );
        p. eat( );
        p. sleep( );
        p. work( );
        p. study( );
        System. out. println("= = = = = = = = = = = = = = = = = = = =");

        //使用多态,只表现出父类(等号左边的数据类型)的功能
        Animal a = new Person( );
        a. eat( );
        a. sleep( );
        //a. work( ); 多态后不能再调用子类特有方法了
```

```
        //调用 feed 方法
        //使用多态的形式, 创建子类对象,赋值给父类引用
        //Animal a2 = new Person( );
        //feed(a2);

        //Person p2 = new Person( );
        //feed(p2)

        feed(new Person( ));

    }

    /**
    * @Title: feed
    * @Description: 接受一个动物, 调用该动物吃饭的方法
    * @param x
    */
    public static void feed(Animal x){//x 可以接收 Animal 的任意子类对象
        //调用该动物的吃饭方法
        System. out. println("feed 方法内的动物吃饭方法被调用了");
        x. eat( );
    }
}
```

程序运行结果如下。

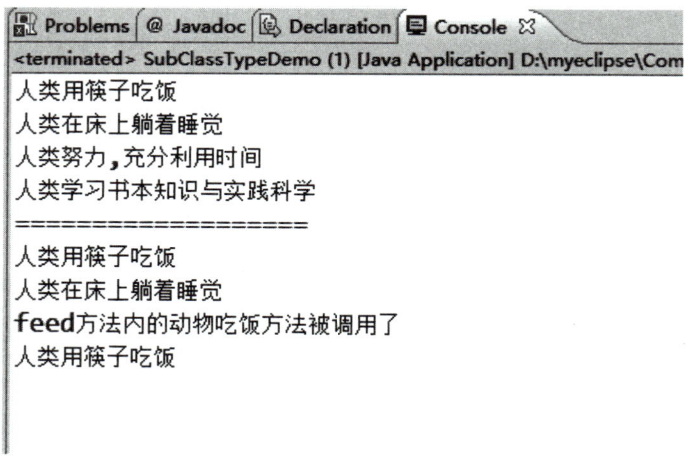

从程序结果可以看出,多态的前提必须有继承关系,或者实现接口关系,当出现多态后,其调用的方法是类重写后的方法。

6.6.5　多态转型

多态的转型分为向上转型与向下转型两种。

（1）向上转型：当有子类对象赋值给一个父类引用时，便是向上转型，多态本身就是向上转型的过程。

其使用格式如下。

```
父类类型　变量名=new 子类类型( );
如:Person p=new Student( );
```

（2）向下转型：一个已经向上转型的子类对象可以使用强制类型转换的格式，将父类引用转为子类引用，这个过程是向下转型。如果是直接创建父类对象，是无法向下转型的。

其使用格式如下。

```
子类类型　变量名=(子类类型) 父类类型的变量;
如: Student stu=(Student) p;　//变量 p 实际上指向 Student 对象
```

（3）多态转型举例如下。

```
package com. igeek_05;

/**
* @ClassName: Animal
* @Description: 抽象父类 Animal
* @date2019 年 6 月 14 日　下午 3: 15: 53
*
*
* 用于展示多态的抽象父类
*
* 吃饭,睡觉功能
*/

public abstract class Animal {

    /**
    * @Title: eat
    * @Description: 普通的吃的方法
    */
    public void eat( ) {
        System. out. println("动物吃了");
    }

    /**
```

```
    * @Title: sleep
    * @Description: 抽象睡觉方法
    */
    public abstract void sleep( );

}

package com. igeek_03;

/**
* @ClassName: Person
* @Description: 具体子类 Person
* @date2019 年 6 月 14 日   下午 3: 23: 23
*
*
* 用于展示多态的子类
*
* 在父类的共性功能之外, 有自己的学习工作方法
*/

public class Person extends Animal{
    //重写父类方法
    /**
    * @Title: eat
    * @Description: 重写父类的吃方法
    * @see com. igeek_03. Animal#eat( )
    */
    @Override
    public void eat( ) {
        System. out. println("人类用筷子吃饭");
    }

    /**
    * @Title: sleep
    * @Description: 实现父类的睡觉方法
    * @see com. igeek_03. Animal#sleep( )
    */
```

```
    @Override
    public void sleep( ) {
        System. out. println("人类在床上躺着睡觉");
    }

    //定义自身特有方法
    /**
    *  @Title: study
    *  @Description: 学习方法
    */
    public void study( ) {
        System. out. println("人类学习书本知识与实践科学");
    }

    /**
    *  @Title: work
    *  @Description: 工作方法
    */
    public void work( ) {
        System. out. println("人类努力,充分利用时间");
    }
}
package com. igeek_05;

/**
*  @ClassName: Dog
*  @Description: 具体的子类 Dog 类
*  @date2019 年 6 月 14 日  下午 5: 22: 41
*
*
*/
public class Dog extends Animal{

    /**
    *  @Title: sleep
    *  @Description: 实现父类的睡觉方法
    *  @see com. igeek_05. Animal#sleep( )
```

```
    */
    @Override
    public void sleep( ) {
        System. out. println("在小狗窝里躺着睡觉");
    }
}

package com. igeek_05;

/**
 * @ClassName: SubClassTypeDemo
 * @Description: 子类多态的测试类
 * @date2019 年 6 月 14 日   下午 3: 26: 43
 *
 *
 * 多态后的类型转换问题
 *      向上转型: 多态本身是子类类型向父类类型向上转型
 *      向下转型(使用强制类型转换):
 *          父类类型   f=new 子类类型( );
 *          子类类型   z=(子类类型)f;
 *
 */

public class SubClassTypeDemo {
    public static void main(String[ ] args) {

        //使用多态,只表现出父类(等号左边的数据类型)的功能
        Animal a=new Person( );
        a. eat( );
        a. sleep( );
        System. out. println("==============================");

        //使用强制类型转换,将父类类型转为子类类型
        Person p=(Person)a;
        p. eat( );
        p. sleep( );
        p. study( );
```

```java
            p.work();
            System.out.println("================================");

            //在强制类型转换时,必须是什么对象,转为什么类型
            //如果使用错,使用了其他类型,则编译时不报错,运行时会报错,显示类型转换异常: java.lang.ClassCastException
            Animal a2 = new Dog();
            Person p2 = (Person)a2;
            p2.eat();
            p2.sleep();
            p2.study();
            p2.work();
            System.out.println("================================");
        }
    }
```

程序运行结果如下。

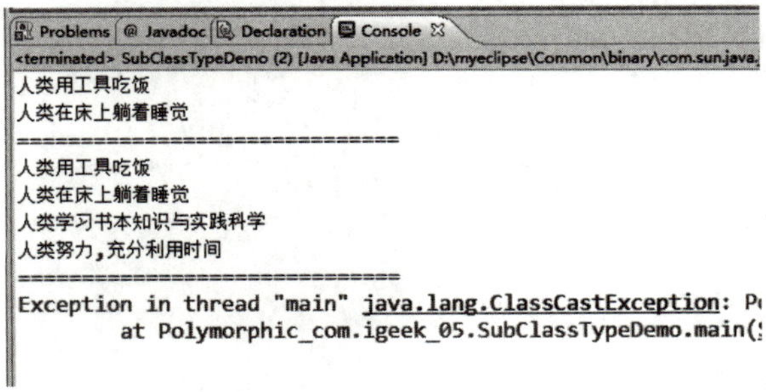

从程序结果可以看出,多态的实际使用方法。

6.6.6　instanceof 关键字

Java 语言可以通过 instanceof 关键字来判断某个对象是否属于某种数据类型。如学生的对象属于学生类,学生的对象也属于人类。

其使用格式如下。

```java
boolean b = 对象 instanceof 数据类型;
```

如

```java
Person p1 = new Student();                    // 前提条件,学生类已经继承了人类
boolean flag = p1 instanceof Student;         //flag 结果为 true
boolean flag2 = p2 instanceof Teacher;        //flag 结果为 false
```

关于 instanceof 关键字的使用案例如下。

```java
package com.igeek_06;
```

```
/**
* 用于展示多态的抽象父类
*
* 吃饭,睡觉功能
*/

public abstract class Animal {

    public void eat( ) {
        System. out. println("动物吃了");
    }

    /**
    * @Title: sleep
    * @Description: 抽象睡觉方法
    */
    public abstract void sleep( );

}

package com. igeek_06

/**
* 用于展示多态的子类
* 在父类的共性功能之外, 有自己的学习工作方法
*/

public class Person extends Animal{

    //重写父类方法
    @Override
    public void eat( ) {
        System. out. println("人类用筷子吃饭");
    }

    @Override
    public void sleep( ) {
```

```
        System. out. println("人类在床上躺着睡觉");
    }

    //定义自身特有方法
    public void study( ) {
        System. out. println("人类学习书本知识与实践科学");
    }

    public void work( ) {
        System. out. println("人类努力, 充分利用时间");
    }
}

package com. igeek_06;

public class Dog extends Animal{

    @Override
    public void sleep( ) {
        System. out. println("在小狗窝里躺着睡觉");
    }
    public void keepDoor( ) {
        System. out. println("在大门看门");
    }
}

package com. igeek_06;

/**
* 多态后的类型转换问题
*       向上转型: 多态本身是子类类型向父类类型向上转型
*       向下转型(使用强制类型转换):
*             父类类型 f=new 子类类型( );
*             子类类型 z=(子类类型)f;
*
* instanceof 关键字: 用来判断对象是否属于某种数据类型
*
```

```
*/

public class SubClassTypeDemo {
    public static void main(String[ ] args) {

        //使用多态,只表现出父类(等号左边的数据类型)的功能
        Animal a=new Person( );
        a. eat( );
        a. sleep( );
        System. out. println("===========================");

        //使用强制类型转换,将父类类型转为子类类型
        Person p=(Person)a;
        p. eat( );
        p. sleep( );
        p. study( );
        p. work( );
        System. out. println("===========================");

        //在强制类型转换时,必须是什么对象,转为什么类型

        //如果使用错,使用了其他类型,则编译时不报错,运行时会报错,显示类型转换异常: java. lang. ClassCastException
        Animal a2=new Dog( );
        //Person p2=(Person)a2;
        //p2. eat( );
        //p2. sleep( );
        //p2. study( );
        //p2. work( );

        method(p);
    }

    public static void method(Animal a) {

        //先吃饭
        a. eat( );
```

```
        //如果是狗，就看门，如果是人就学习工作
        if(a instanceof Dog) {
            //强转为狗
            Dog d = (Dog)a;
            //调用狗的方法
            d. keepDoor( );
        }

        //如果是，就看门，如果是人就学习工作
        if(a instanceof Person) {
            //强转为人
            Person p = (Person)a;
            //调用人的方法
            p. study( );
            p. work( );
        }
    }
}
```

程序运行结果如下。

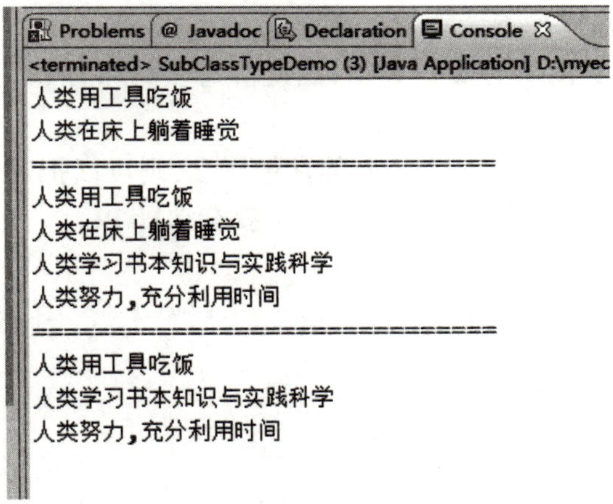

从程序结果可以看出，instanceof 关键字可以用来判断对象是否属于某种数据类型。

6.7　static 与 final 修饰符

6.7.1　static 简介

Java 语言使用 static 修饰符修饰的属性(成员变量)、常量和成员方法称为静态变量、常

量和方法，它们统称为静态成员，归整个类所有，不依赖于类的特定实例，被类的所有实例共享。

static 修饰的成员被多个对象共享，static 修饰的成员属于类，但是会影响每一个对象，被 static 修饰的成员又叫类成员，不叫对象的成员。

如图 6-5 中的国籍变量，所有中国人国籍均应该为中国，不应各自定义各自的国籍，所以可以将国籍定义为 static，属于类，被多个对象共享。

图 6-5 定义国籍变量

静态变量在类中的作用如下。

① 静态变量可以被类的所有实例共享，因此静态变量可以作为实例之间的共享数据，增加实例之间的交互性。

② 如果类的所有实例都包含一个相同的常量属性，则可以把这个属性定义为静态常量类型，从而节省内存空间。例如，在类中定义一个静态常量 PI。

(1) 定义 Chinese 类。

```
package com. igeek_01;

/**
* 中国人类
* 国籍,姓名,年龄,职业
* 其中,国籍应该被共享
* 姓名,年龄,职业各个对象有各个对象的值
*/

public class Chinese {
    //静态成员,被多个对象共享
    public static String country = "中国";
```

```
    //普通成员,每个对象的普通成员其内容不同
    private String name;
    private int age;
    private String work;
    public Chinese( ) {
        super( );
    }
    public Chinese(String name, int age, String work) {
        super( );
        this. name=name;
        this. age=age;
        this. work=work;
    }

    public String getName( ) {
        return name;
}
    public void setName(String name) {
        this. name=name;
    }
    public int getAge( ) {
        return age;
    }
    public void setAge(int age) {
        this. age=age;
    }
    public String getWork( ) {
        return work;
    }
    public void setWork(String work) {
        this. work=work;
    }
}
```

（2）定义 StaticDemo 类。

```
package com. igeek_01;

/**
```

```
*    static 是静态修饰符,一般修饰成员
*    被 static 修饰的成员属于类,不属于这个类的某个对象
*
*/

public class StaticDemo {
  public static void main(String[ ] args) {
      //创建人类对象,验证静态 static 修饰的成员被多个对象共享
      Chinese c=new Chinese("小王", 34, "演员");
      System. out. println(c. getAge( )+"岁的"+c. getName( )+"是"+c. country+"人");

      Chinese c2=new Chinese("小周", 48, "演员或导演或制片");
      System. out. println(c2. getAge( )+"岁的"+c2. getName( )+"是"+c2. country+"人");

      c. country="中华人民共和国";
      System. out. println("================================");

      System. out. println(c. getAge( )+"岁的"+c. getName( )+"是"+c. country+"人");

      System. out. println(c2. getAge( )+"岁的"+c2. getName( )+"是"+c2. country+"人");

  }
}
```

程序运行结果如下。

从程序结果可以看出，一般 static 修饰的成员，直接赋值，当多个对象共享使用同一个类中静态成员时，只要该值改变，就会影响所有的对象。

6.7.2　静态的使用方式及加载原理

被 static 修饰的成员可以并且建议通过类名直接访问，也可以通过某个对象访问属于类的静态成员，原因是多个对象均属于一个类，共享使用同一个静态成员。

其格式如下。

类名．静态成员变量名

类名．静态成员方法名(参数)

对象名．静态成员变量名　　//不建议使用，会出现警告

对象名．静态成员方法名(参数)　　//不建议使用，会出现警告

```
package com. igeek_02;

/**
 * 静态成员直接使用类名访问
 * 类名．静态成员变量名
 * 类名．静态成员方法名(参数)
 *
 */

public class StaticDemo {
    public static void main(String[ ] args) {
        //创建人类对象, 验证静态 static 修饰的成员被多个对象共享
        Chinese c=new Chinese("小王", 34, "演员");
        System. out. println(c. getAge( )+"岁的"+c. getName( )+"是"+Chinese. country+"人");

        Chinese c2=new Chinese("小周", 48, "演员或导演或制片");
        System. out. println(c2. getAge( )+"岁的"+c2. getName( )+"是"+Chinese. country+"人");

        Chinese. country="中华人民共和国";
        System. out. println("==================================");

        System. out. println(c. getAge( )+"岁的"+c. getName( )+"是"+Chinese. country+"人");
        System. out. println(c2. getAge( )+"岁的"+c2. getName( )+"是"+Chinese. country+"人");

        //类名．方法名( )
        Chinese. method( );
    }
}
```

```
package com. igeek_02;

/**
* 静态成员只能直接访问静态成员
* 原因为: 静态内容优先于对象存在
*/

public   class StaticDemo2 {

    public static void main(String[ ] args) {
        //由于静态内容随类的加载而加载, 有类则有该方法
        //但是此时是可以没有对象的
        StaticDemo2. method( );
    }
    private String name;
    public void normalMethod( ) {
        System. out. println("普通方法");
    }
    public static void method( ) {
        //静态方法不能直接访问非静态成员
        //System. out. println(name);
        //normalMethod( );
    }

}
```

6.7.3 final 关键字

6.7.3.1 final 关键字的使用

final 关键字表示对象是最终形态的，对象是不可改变的意思。final 应用于类、方法和变量时意义是不同的，但本质是一样的，即 final 表示不可改变。

final 用在变量的前面表示变量的值不可以改变，此时该变量可以被称为常量；final 用在方法的前面表示方法不可以被重写；final 用在类的前面表示类不可以被继承，即该类是最终形态，如常见的 java. lang. String 类。

final 修饰符的介绍如下。

1. final 修饰类中的属性

表示该属性一旦被初始化便不可改变，这里不可改变的意思对基本类型来说是其值不

可变，而对对象属性来说其引用不可再变。其初始化可以在两个地方：一是其定义处，也就是说在 final 属性定义时直接给其赋值；二是在构造函数中。这两个地方只能选其一，要么在定义时给值，要么在构造函数中给值，不能同时既在定义时赋值，又在构造函数中赋予另外的值。

2. final 修饰类中的方法

说明这种方法提供的功能已经满足当前要求，不需要进行扩展，并且也不允许任何从此类继承的类来重写这种方法，但是继承仍然可以继承这个方法，也就是说可以直接使用。在声明类中，一个 final 方法只被实现一次。

3. final 修饰类

表示该类是无法被任何其他类继承的，意味着此类在一个继承树中是一个叶子类，并且此类的设计已被认为很完美而不需要进行修改或扩展。

对于 final 类中的成员，可以定义其为 final，也可以不是 final。而对于方法，由于所属类为 final 的关系，自然也就成了 final 型。也可以明确地给 final 类中的方法加上一个 final，这显然没有意义。

6.7.3.2　final 修饰类无法被继承

1. FinalClass 类

```
package com.igeek_03_02;

/**
*       被 final 修饰的类,不能有子类,不能被继承
*/
public final class FinalClass {

}
```

2. FinalSubClass 类

```
package com.igeek_03_02;

/**
*       被 final 修饰的类 FinalClass 不能被继承
*/
//public class FinalSubClass extends FinalClass{
//
//}
```

6.7.3.3　final 修饰的方法无法被重写

1. FinalClass2 类

```
package com. igeek_03_03;

/**
*       被 final 修饰方法: 无法被重写
*
*/
public class FinalClass2 {
    public final void method( ) {
        System. out. println("被 final 修饰的方法");
    }
}
```

2. FinalSubClass2 类

```
package com. igeek_03_03;

/**
*       final 修饰的方法无法被子类重写
*/
public class FinalSubClass2 extends FinalClass2{
    //final 修饰的方法不能被重写
    //public void method( ) {
    //System. out. println("被 final 修饰的方法");
    //}
}
```

6. 7. 3. 4 final 修饰变量特点

final 修饰变量无法被再次赋值，具体事例如下。

1. Person 类

```
package com. igeek_03_04;

public class Person {
    private String name;
    public String getName( ) {
        return name;
    }
    public void setName(String name) {
        this. name = name;
    }
}
```

2. FinalDemo 测试类

```
package com. igeek_03_04;

/**
*    final 是最终修饰符,可以修饰类、成员方法、变量
*    final 修饰的类无法被继承
*    final 修饰的方法无法被重写
*    final 修饰的变量无法被再次赋值,必须被赋值(包括局部变量与成员变量)
*/

public   class FinalDemo {
    // 成员位置定义静态常量
    public static final double PI=3. 1415926;

    public static void main(String[ ] args) {
        // final 修饰的变量无法被再次赋值
        int a=10;
        a=20;
        final int b=20;
        // 被 final 修饰的变量不能二次赋值
        // b=30;

        // 使用静态常量
        double r=2. 5;
        double area=r*r*FinalDemo. PI;
        System. out. println(area);

        // 为引用变量二次赋值,指 p 这个变量只能指向一个地址, 不能指向第二个地址
        final Person p=new Person( );
        p. setName("张三");
        p. setName("李四");
        System. out. println(p. getName( ));

        // 地址不能改
        // p=new Person( );
    }
}
```

程序运行结果如下。

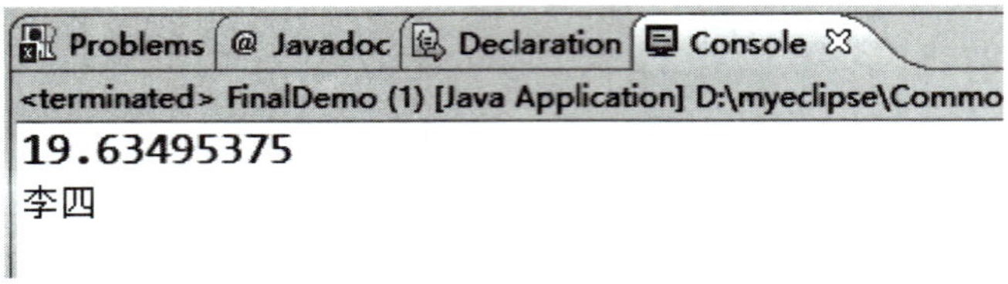

现实开发过程中遇到的最常见成员常量的情况，通常使用 public static final 在一个类中定义一个常量，采取直接给常量赋值的方式。

注意，常量的命名规则：所有字母均大写，用“_ ”连接。

6.8 包与访问修饰符

6.8.1 包的概述及定义格式

6.8.1.1 包的概念

包允许将类组合成较小的单元(类似文件夹)，它基本上隐藏了类，并避免了名称上的冲突。包允许在更广泛的范围内保护类、数据和方法，可以在包内定义类，而在包外的代码不能访问该类。

包的三个作用如下：

(1) 区分相同名称的类；

(2) 能够较好地管理大量的类；

(3) 控制访问范围。

在 Java 语言中，开发人员可以自定义包，也可以使用系统包，常用的系统包如表 6-3 所示。

表 6-3 常用的系统色

包	说明
java. lang	Java 的核心类库，包含运行 Java 程序必不可少的系统类，如基本数据类型、基本数学函数、字符串处理、异常处理和线程类等，系统默认加载这个包
java. io	Java 语言的标准输入/输出类库，如基本输入/输出流、文件输入/输出、过滤输入/输出流等
java. util	包含处理时间的 Date 类，处理动态数组的 Vector 类，以及 Stack 和 HashTable 类
java. awt	构建图形用户界面(GUI)的类库，低级绘图操作 Graphics 类、图形界面组件和布局管理(如 Checkbox 类、Container 类、LayoutManger 接口等)，以及用户界面交互控制和事件响应(如 Event 类)
java. awt. image	处理和操纵来自网上的图片的 Java 工具类库

续　表

包	说明
java. wat. peer	很少在程序中直接用到，它可以使得同一个 Java 程序在不同的软硬件平台上运行
java. net	实现网络功能的类库有 Socket 类、ServerSocket 类
java. lang. reflect	提供用于反射对象的工具
java. util. zip	实现文件压缩功能
java. awt. datatransfer	处理数据传输的工具类，包括剪贴板、字符串发送器等
java. sql	实现 JDBC 的类库
java. rmi	提供远程连接与载入的支持
java. security	提供安全性方面的有关支持

6.8.1.2　包的定义格式

使用公司域名反写，多级包全部小写，用“.”连接。如：极客营网址为 igeekhome. com 那么域名反写就为 com. igeekhome。甲骨文公司 oracle. com 域名反写就为 com. oracle。

(1) 类中的定义格式：package 包名。

(2) 编译时：直接编译 java 文件即可。

(3) 运行时：由于类的全名是包含包名的，所以必须运行加入了包名的全类名。

```
package com. igeek_01;

/**
*      包:是 java 程序管理资源的方式
*      类中声明的包,必须与真正该 . class 文件所在的文件夹一致
*      声明的格式:
*      package 包(文件夹). 包(文件夹). 包(文件夹). . .
*/
public   class PackageDemo {

}
```

6.8.2　类的全名访问

在访问类时，为了能够找到该类，使用类时，应该使用包含包名的类全名。如：字符串 String 在使用时，可以按照如下方式访问：

java. lang. String s=“一个字符串”；

等价于

String s=“一个字符串”；

1. Person 类

```
package com. igeek_02;
public class Person {
    private String name;
    public Person(String name) {
        this. name = name;
    }
    public String getName( ) {
        return name;
    }
    public void setName(String name) {
        this. name = name;
    }
}
```

2. 其他包中的 Person 类

```
package com. igeek_02. other;
public class Person {
    private String name;
    public Person(String name) {
        this. name = name;
    }
    public String getName( ) {
        return name;
    }
    public void setName(String name) {
        this. name = name;
    }
}
```

3. 类全名创建对象测试类

```
package com. igeek_02;
/**
*    包: 是 java 程序管理资源的方式
*    类中声明的包,必须与真正该 . class 文件所在的文件夹一致
* /

public class PackageDemo {
```

```
    public static void main(String[ ] args) {
        //使用类全名访问 JRE 提供好的类
        java. lang. String s = "使用类全名访问 JRE 提供好的类";
        System. out. println(s);

        //使用类全名访问同包下的其他类
        com. igeek_02. Person person = new com. igeek_02. Person("使用类全名访问同
包下的其他类");
        person. setName("使用类全名访问不同包(跨包)下的其他类");
        System. out. println(person. getName( ));

        //使用类全名访问不同包(跨包)下的其他类
        com. igeek_02. other. Person person2 = new com. igeek_02. other. Person("使用
类全名访问不同包(跨包)下的其他类");
        System. out. println(person2. getName( ));
    }

}
```

程序运行结果如下。

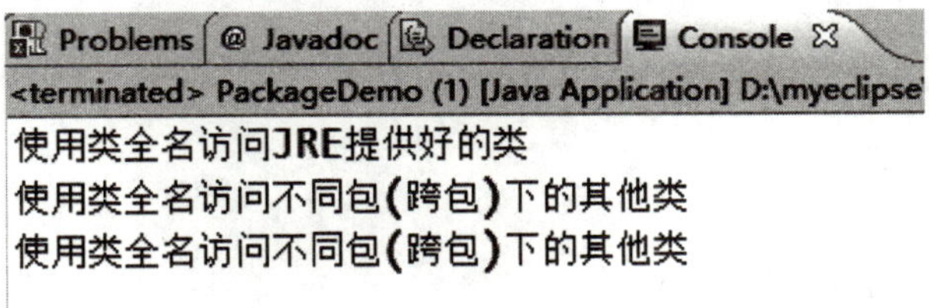

从程序结果可以看出，包的声明格式为：package 文件夹(包). 文件夹(包). 文件夹(包)，同时应该加入全名，即包名+类名。

6.8.3 带包的类访问

6.8.3.1 同包下省略包名

当被使用的类与使用的类在同一个文件夹下，或者被使用的类是 java. lang 包下时，我们通常可以省略掉类的包，直接使用类型，避免使用类全名。

6.8.3.2 跨包时导包访问

当被使用的类与使用的类不在同一个文件夹下时，Java 可以通过导入包的方式使用该类，避免使用类全名。

导入包格式如下：

import 包名 . 包名 . 类名;

当多个文件夹下有相同的类名时，只能有一个导入包使用，其他必须仍然书写全名。当导入包中多个类时，可以使用 * 代表该包下的所有类。

（1）同包下的 Person 类代码如下。

```
package com. igeek_03;
public class Person {
    private String name;
    public Person(String name) {
        this. name = name;
    }
    public String getName( ) {
        return name;
    }
    public void setName(String name) {
        this. name = name;
    }
}
```

（2）com. igeek_03. other1 包下的 PersonOther 类。

```
package com. igeek_03. other1;
public class PersonOther {
    private String name;
    public PersonOther(String name) {
        this. name = name;
    }
    public String getName( ) {
        return name;
    }
    public void setName(String name) {
        this. name = name;
    }
}
```

（3）com. igeek_03. other2 包下的 PersonOther 类。

```
package com. igeek_03. other2;
public class PersonOther {
    private String name;

    public PersonOther(String name) {
        this. name = name;
```

```
        }
        public String getName( ) {
            return name;
        }
        public void setName(String name) {
            this. name = name;
        }
    }
```

（4）不同包中各个类的导入测试类。

```
package com. igeek_03;

//导包声明
import com. igeek_03. other1. PersonOther;

//不能导入相同名称的类,所以,当多个文件夹下有相同的类名时,只能有一个导包使用,其他必须仍然书写全名
//import com. igeek_03. other2. PersonOther;

/**
 *   同包访问时,可以省略全名,使用类名
 *   跨包访问: *    可以不使用全名,使用导包的方式声明出要使用的类是哪个
 *   导包格式:
 *       package 后,class 前
 *       使用 import 包名 . 包名 . 类名;
 */

public class PackageAccessDemo {
  public static void main(String[ ] args) {

      //JRE 提供的 lang 包下的类,是可以直接使用类名,无须加包名的,比如 String
      String s = "hit the road";

      //同包访问时,可以省略全名,使用类名
      Person person = new Person("Jack");
      System. out. println(person. getName( ));

      //跨包访问, 需要先导包, 再使用
```

```
            PersonOther Person2 = new PersonOther("Rose");
            System. out. println(Person2. getName( ));
            //不能导入相同名称的类,所以,当多个文件夹下有相同的类名时,只能有一个导包使用,其他必须仍然书写全名
                com. igeek_03. other2. PersonOther Person3 = new com. igeek_03. other2. PersonOther("Rose");
            System. out. println(Person3. getName( ));

        }
    }
```

程序运行结果如下。

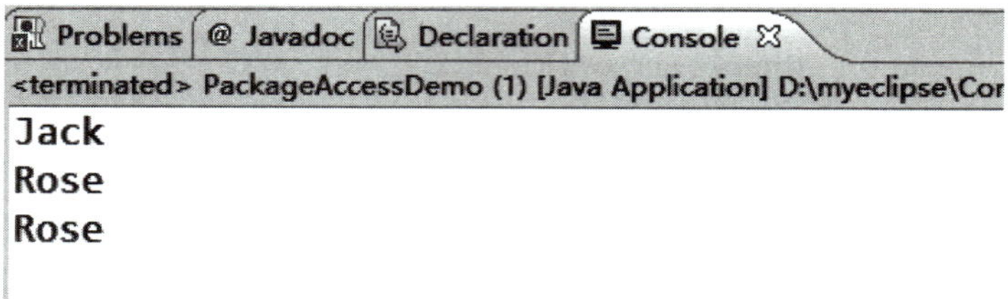

从程序结果可以看出，不能导入相同名称的类，所以，当多个文件夹下有相同的类名时，只能有一个导入包使用，其他必须仍然书写全名。

6.8.4 访问权限

在 Java 语言中提供了多个作用域修饰符，其中常用的有 public、private、protected、final、abstract、static、transient 和 volatile，这些修饰符有类修饰符、变量修饰符和方法修饰符。本文将详细介绍访问控制修饰符。

在实际生活中，如果要获取某件物品，与其直接穿过堡垒的墙壁，从而导致墙壁毁灭和破坏，不如通过门口的警卫请求进入堡垒的许可。一般而言，这对对象同样适用：没有对象的许可(即对象的属性是私有的)，不能直接访问该对象的私有属性。

信息隐藏是 OOP(面向对象程序设计)最重要的功能之一，也是使用访问修饰符的原因。在编写程序时，有些核心数据往往不希望被用户调用，需要控制这些数据的访问。

对类成员访问的限制是面向对象程序设计的一个基础，这有利于防止对象的误用。只允许通过一系列定义完善的方法来访问私有数据，就可以(通过执行范围检查)防止数据赋予不正当的值。例如，类以外的代码不可能直接向一个私有成员赋值。同时，还可以精确地控制如何以及何时使用对象中的数据。

通过使用访问控制修饰符来限制对对象私有属性的访问，可以获得以下三个重要的好处。

① 防止对封装数据的未授权访问。

② 有助于保证数据完整性。

③ 当类的私有实现细节必须改变时，可以限制发生在整个应用程序中的“连锁反应”。

6.8.4.1　四种权限访问修饰符

访问控制符是一组限定类、属性或方法是否可以被程序里的其他部分访问和调用的修饰符。类的访问控制符只能是空或者 public，方法和属性的访问控制符有四个，分别是 public、private、protected 和 friendly，其中 friendly 是一种没有定义专门的访问控制符的默认情况。访问控制修饰符的权限如表 6-4 所示。

表 6-4　访句控制修饰符的权限

	public	protected	friendly	private
同一类中	√	√	√	√
同一包中(子类与无关类)	√	√	√	
不同包的子类	√	√		
不同包中的无关类	√			

在日常开发过程中，编写的类、方法、成员变量的访问修饰注意点如下：

(1) 要想仅能在本类中访问，使用 private 修饰；

(2) 要想本包中的类都可以访问，不加修饰符即可；

(3) 要想本类的子类可以访问，使用 protected 修饰；

(4) 要想任意包中的任意类都可以访问，使用 public 修饰。

如果类用 public 修饰，则类名必须与文件名相同。一个文件中只能有一个 public 修饰的类。

6.8.4.2　同一包中权限访问测试

1. AccessClass 类

```
package com.igeek_04_02;
public class AccessClass {
    private void method() {
        System.out.println("私有化的方法");
    }
    void method2() {
        System.out.println("默认权限的方法");
    }

    protected void method3() {
        System.out.println("受保护的方法");
    }
    public void method4() {
        System.out.println("公共的方法");
    }
```

```
    public void testAccess( ) {
        method( );
        method2( );
        method3( );
        method4( );
    }

    public static void main(String[ ] args) {

        AccessClass ac = new AccessClass( );

        //本类当中,可以访问所有的方法
        ac. method( );
        ac. method2( );
        ac. method3( );
        ac. method4( );
    }
}
```

2. AccessDemo 类

```
package com. igeek_04_02;
public class AccessDemo {
    public static void main(String[ ] args) {

        AccessClass ac = new AccessClass( );

        //同包下,可以访问其他类的非私有方法
        //ac. method( );
        ac. method2( );
        ac. method3( );
        ac. method4( );
    }
}
```

程序运行结果如下。

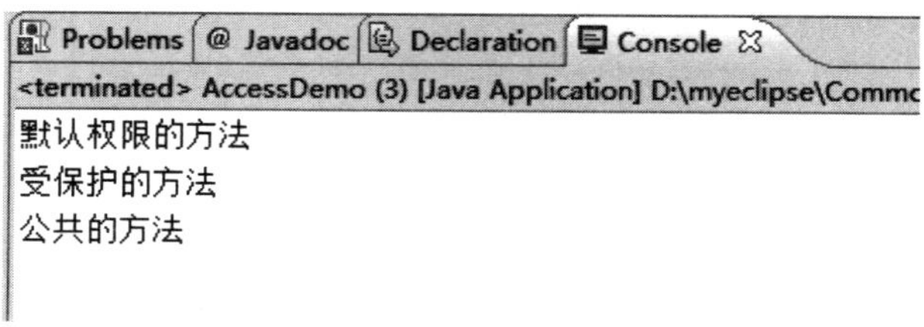

从上述代码可以看出访问权限在程序设计中的作用。

6.8.4.3　跨包访问

包访问可实现跨区域访问，具体实例如下。

AccessDemo 类

```
package com. igeek_04_03;
import com. igeek_04_02. AccessClass;
public class AccessDemo {
    public static void main(String[ ] args) {

        AccessClass ac = new AccessClass( );

        //测试跨包访问,只能访问公共方法
        //ac. method( );
        //ac. method2( );
        //ac. method3( );
        ac. method4( );
    }
}
```

程序运行结果如下。

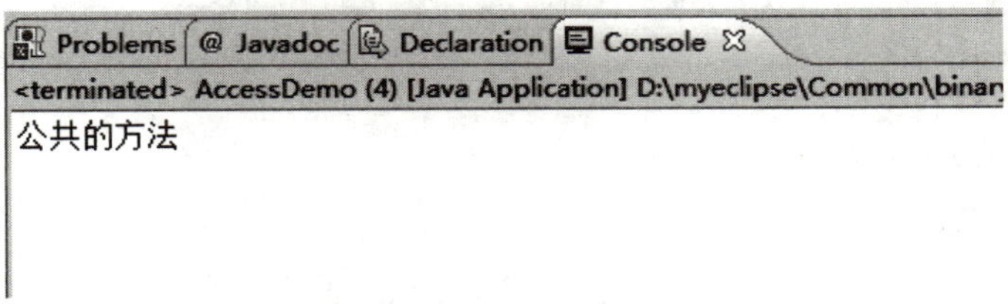

从程序结果可以看出，Java 也提供了跨包访问机制。

6.8.4.4　不同包下的父子类之间的访问

AccessDemo 类

```
package com. igeek_04_04;
import com. igeek_04_02. AccessClass;
/**
*      AccessDemo 类继承父类 AccessClass
*/
public class AccessDemo extends AccessClass{

public static void main(String[ ] args) {

AccessClass ac = new AccessClass( );
```

```
//测试跨包访问,只能访问公共方法
        //ac. method( );
        //ac. method2( );
        //ac. method3( );
        ac. method4( );

        AccessDemo ad = new AccessDemo( );
        ad. method0( );
    }
    public void method0( ) {
        //super. method( );
        //super. method2( );
        super. method3( );
        super. method4( );
    }
}
```

程序运行结果如下。

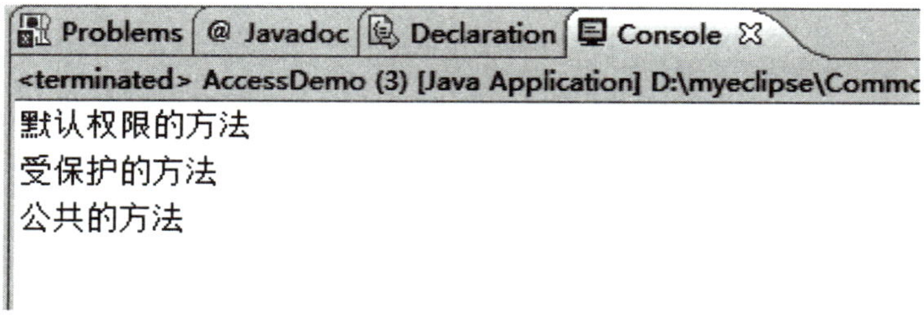

从程序结果可以看出，Java 也提供了不同包下的父子类之间的访问机制。

6.9 内部类

6.9.1 内部类基本概念

在一个类内部的类，我们称之为内部类。内部类可以很好地实现隐藏，一般的非内部类是不允许有 private 与 protected 权限的，但内部类可以。内部类拥有外围类的所有元素的访问权限。

内部类可以分为：实例内部类、静态内部类和成员内部类，每种内部类都有它特定的一些特点，本节先详细介绍一些和内部类相关的知识。

在类 A 中定义类 B，那么类 B 就是内部类，也称为嵌套类，相对而言，类 A 就是外部类。如果有多层嵌套，例如类 A 中有内部类 B，而类 B 中还有内部类 C，那么通常将最外层的类称为顶层类(或者顶级类)。

内部类也可以分为多种形式，与变量非常类似，如图 6-6 所示。

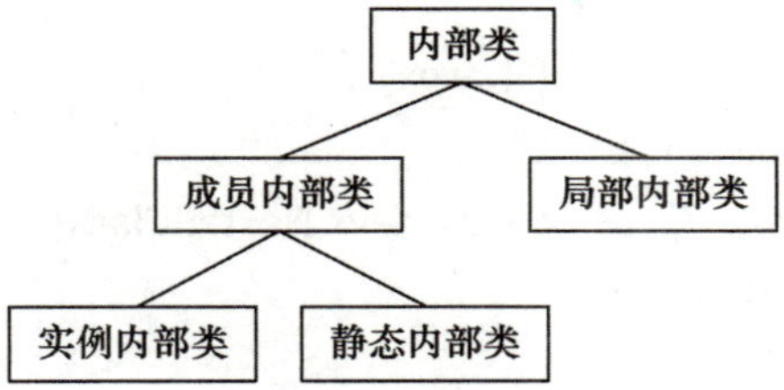

图 6-6　内部类的形式

6.9.2　成员内部类

定义在成员位置的内部类的格式如下。

```
public class Outer{
    class Inner{
        //其他代码
    }
}
```

成员内部类的访问格式如下。

```
Outer.Inner  x=new Outer().new Inner();
```

(1) 定义 NestedClass 成员内部类。

```
package com.igeek_02;
public class NestedClass {
    private String name="Jack";
    public class InnerClass {

        public void innerMethod() {
            System.out.println("内部类的方法被调用了");
            System.out.println("外部类的成员变量 name 的值为: "+name);
        }
    }
    public String getName() {
        return name;
    }
    public void setName(String name) {
        this.name=name;
    }
}
```

（2）定义 NestedClassDemo 成员内部类测试类。

```
package com. igeek_02;
public class NestedClassDemo {
    public static void main(String[ ] args) {
        //创建成员内部类对象
        NestedClass. InnerClass inner = new NestedClass( ). new InnerClass( );
        inner. innerMethod( );
    }
}
```

程序运行结果如下。

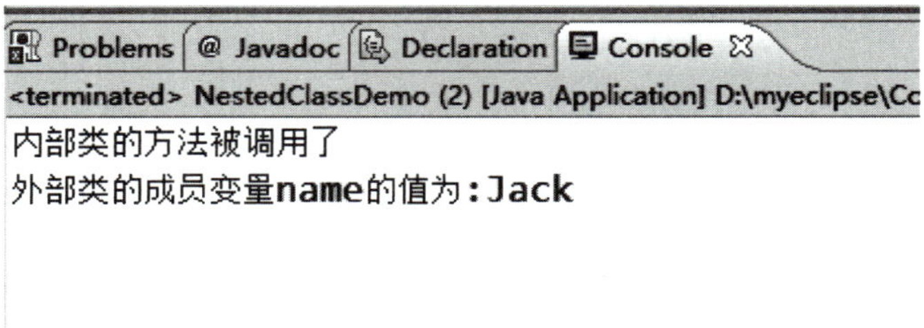

从程序结果可以看出，内部类中，成员内部类定义在成员位置，局部内部类定义在局部位置，即定义在一个方法内。格式为：Outer. Inner x = new Outer( ). new Inner( )；成员内部类创建对象，必须有外部类对象，才能有内部类对象。

6. 9. 3　局部内部类

定义在局部位置的内部类的格式如下。

```
public class Outer{
    public void method{
        class Inner{
            //其他代码
        }
    }
}
```

局部内部类只能在外部类的方法中创建对象并访问。

局部内部类实例应用如下。

（1）定义 NestedClass 局部内部类。

```
package com. igeek_03;

public class NestedClass {
```

```
    private String name="Jack";
    public void outerMethod( ) {
        class InnerClass {

            public void innerMethod( ) {
                System. out. println("内部类的方法被调用了");
                System. out. println("外部类的成员变量 name 的值为: "+name);
            }
        }

        //定义好类之后可以使用类
        InnerClass inner=new InnerClass( );
        inner. innerMethod( );
    }
    public String getName( ) {
        return name;
    }
    public void setName(String name) {
        this. name=name;
    }
}
```

（2）定义 NestedClassDemo 局部内部类测试类。

```
package com. igeek_03;
public class NestedClassDemo {
    public static void main(String[ ] args) {
        //创建外部类对象
        NestedClass nc=new NestedClass( );
        //通过外部类对象调用方法访问局部内部类对象的操作
        nc. outerMethod( );
    }
}
```

程序运行结果如下。

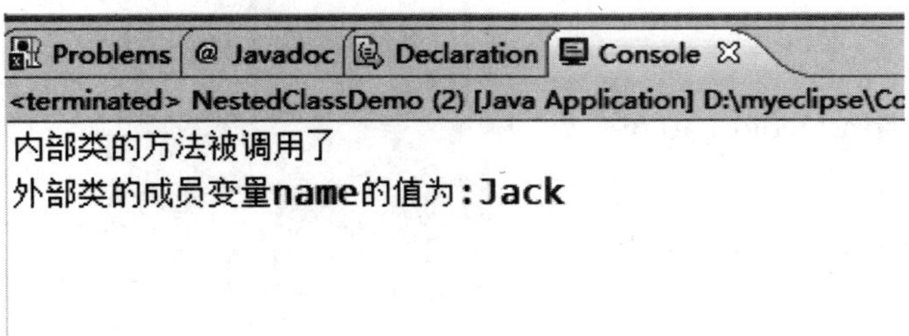

从程序结果可以看出，内部类是一个相对概念，即类中定义类；内部类可以直接访问外部类的所有成员。而成员内部类定义在成员位置；局部内部类定义在局部位置，即定义在一个方法内，符合先定义再使用。成员内部类创建对象，必须有外部类对象，才能有内部类对象，格式为：Outer. Inner x = new Outer( ). new Inner( )。

6.9.4 匿名内部类

6.9.4.1 概述

匿名内部类是局部内部类的一种，它临时定义一个类型的子类，在定义后即刻创建刚刚定义的这个类的对象，同时匿名内部类也是创建某个类型子类对象的快捷方式。

例如，为了临时定义一个类的子类，并创建这个子类的对象而使用匿名内部类。

6.9.4.2 匿名内部类格式

Java 规定，需要将定义子类与创建子类对象两个步骤由一个格式一次完成。虽然是两个步骤，但是两个步骤是连在一起的、实时的。

匿名内部类如果不定义变量引用，则也是匿名对象，具体格式如下。

```
new 父类( ){
    //重写需要重写的方法
};
```

(1) 举例如下。

① 已经存在的父类。

```
public abstract class Person{
    public abstract void eat( );
}
```

② 定义并创建该父类的子类对象，并用多态的方式赋值给父类引用变量。

```
Person p = new Person( ){
    public void eat( ) {
        System. out. println("我吃了");
    }
};
```

(2) 匿名内部类实例应用。

① 定义 Animal 抽象父类。

```
package inside_com. igeek_04;
public abstract class Animal {
    //抽象方法
    public abstract void eat( );

    public abstract void sleep( );
}
```

② 定义 Dog 具体子类。

```
package inside_com. igeek_04;

/**
*  匿名内部类
*  的: 创建某个类(接口)的子类对象
*/

public class AnonymousInnerClass {

    public static void main(String[ ] args) {

        //使用有名字的子类(多态使用)
        Animal ad = new Dog( );
        ad. eat( );
        ad. sleep( );

        //使用匿名内部类
        Animal a = new Animal( ){
            @Override
            public void eat( ) {
                System. out. println("匿名内部类 1");
            }
            @Override
            public void sleep( ) {
                System. out. println("匿名内部类 2");
            }
        };

        a. eat( );
        a. sleep( );
    }
}
```

③ 定义 AnonymousInnerClass 匿名内部类的测试类。

```
package inside_com. igeek_04;

/**
```

```
*       定义子类,重写父类方法
*/
public class Dog extends Animal {

    //重写方法
    @Override
    public void eat( ) {
        System. out. println("重写方法 1");
    }
    @Override
    public void sleep( ) {
        System. out. println("重写方法 2");
    }
}
```

程序运行结果如下。

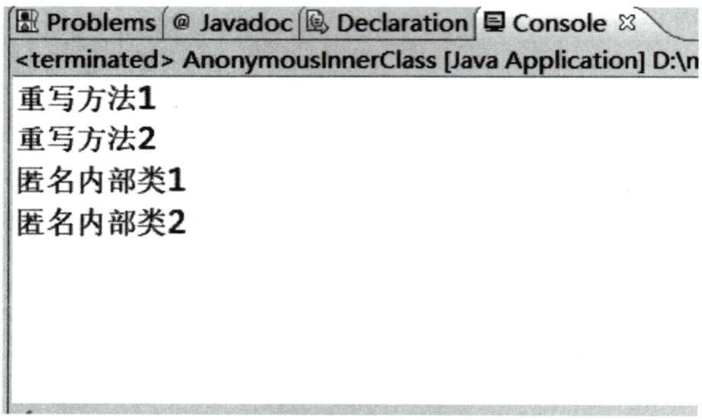

上述代码说明，为创建某个类(接口)的子类对象，程序首先定义带名字的子类，再创建其对应对象。其中，匿名内部类是创建某个类型子类对象的快捷方式。程序为了临时定义一个类的子类，创建了这个子类的对象而使用匿名内部类。

本章小结

本章主要在面对对象基本概念基础之上，重点介绍了面对对象编程思想的进阶内容。首先说明 Java 机制下继承的概念、格式、用法和特征，再介绍了方法重写及继承内存图解的基本概念；其次针对 this 与 super 关键字也做出了详细的介绍，同时对于抽象类与抽象方法的用法进行了描述；再次介绍了 Java 机制中接口和多态概念、机制、用法和特征；而后介绍了 static 与 final 修饰符的特点和用法；最后，本章对于 Java 机制中包与访问修饰符的用法、内部类的相关概念进行了较为详细的介绍。

习　题

一、填空题

1. ________是指在子类中重新定义一个与父类中已定义的数据成员名完全相同的数据成员。

2. 子类可以重新定义与父类同名的成员方法，实现对父类方法的________。

3. 抽象类不能________对象，该工作由抽象类派生的非抽象子类来实现。

4. 如果父类中已有同名的 abstract 方法，则子类中就________（能/不能）再有同名的抽象方法

5. abstract 类中不能有________访问权限的数据成员或成员方法。

6. 如果实现某接口的类不是 abstract 的抽象类，则在类的定义部分必须________该接口的所有抽象方法；如果实现某接口的类是 abstract 的抽象类，则它可以________该接口所有的方法。但是对于这个抽象类任何一个非抽象的子类而言，它们父类所实现的接口中的所有抽象方法以及自身所实现接口中的抽象方法都必须有实在的________。

7. 包的作用有两个，一是________，二是________。

8. Java 提供了四种访问权限来实现封装机制，即________、________、________和________。

9. Java 中提供两种多态机制，________与________。

10. 创建包时需要使用关键字________。

11. 一个类主要包含两个要素：________和________。

12. 区分类中重载方法的依据是(　　)。

　　A. 形参列表的类型和顺序　　　　B. 不同的形参名称

　　C. 返回值的类型不同　　　　　　D. 访问权限不同

13. 子类对象能否直接向其父类赋值？父类对象能否向其子类赋值？(　　)

　　A. 能，能　　　　　　　　　　B. 能，不能

　　C. 不能，能　　　　　　　　　D. 不能，不能

14. Java 语言接口间的继承关系是(　　)。

　　A. 单继承　　　　　　　　　　B. 多重继承

　　C. 不能继承　　　　　　　　　D. 不一定

15. 一个类实现接口的情况是(　　)。

　　A. 一次可以实现多个接口　　　　B. 一次只能实现一个接口

　　C. 不能实现接口　　　　　　　　D. 不一定

二、程序题

USB 接口可以使用 U 盘、移动硬盘，完成插入、启动、停止的功能。当 U 盘或移动硬盘插入 USB 接口时，它们的表现是不一样的。作为 USB 接口的接口，有两个抽象方法，但无法实现具体的功能。请设计一段程序将这些功能留在 U 盘或移动硬盘实现类中去完成。

第7章 常用类

学习目标

1.【应用】Scanner 类

【应用】能够独立使用 Scanner 完成键盘录入字符串。

2.【应用】String 类与 StringBuilder 类

(1)【应用】能够熟练写出 String 类的常用构造方法。
(2)【理解】能够阐述创建字符串对象两种方式的区别。
(3)【应用】能够独立写出 String 判断功能与获取功能相关案例。
(4)【应用】能够独立写出 String 转换功能与其他功能相关案例。
(5)【理解】能够阐述 StringBuilder 拼接字符串高效的原因。
(6)【应用】能够完成 String 与 StringBuilder 相互转换的案例。
(7)【应用】能够利用 StringBuilder 把数组拼接成一个字符串案例。
(8)【应用】能够利用 StringBuilder 完成字符串反转案例。
(9)【应用】能够利用 StringBuilder 完成判断一个字符串是否是对称字符串案例。

3.【应用】Date 类及子类

(1)【应用】能够独立写出用 Date 对象设置毫秒值和获取毫秒值。
(2)【应用】能够独立写出用 DateFormat 完成日期对象和日期字符串互相转换的代码。
(3)【应用】能够独立写出用 Calendar 获取日期和设置日期的代码。
(4)【理解】能够独立练习 Math 类和 System 类的常用方法。

4.【应用】包装类

(1)【理解】能够阐述基本类型对应哪些包装类。
(2)【理解】能够阐述包装类的装箱和拆箱机制。

5.【应用】理解 Random

(1)【记忆】能够阐述 Random 类的概述和基本使用。
(2)【应用】能够独立编写猜数字小游戏案例。

7.1　Scanner 类

7.1.1　Scanner 类作用

Java 5 添加了 java. util. Scanner 类，这是一个用于扫描输入文本的新的实用程序。它是以前的 StringTokenizer 和 Matcher 类之间的某种结合。由于任何数据都必须通过同一模式的捕获组检索或通过使用一个索引来检索文本的各个部分。所以可以结合使用正则表达式和从输入流中检索特定类型数据项的方法。这样，除了能使用正则表达式之外，Scanner 类还可以任意地对字符串和基本类型(如 int 和 double)的数据进行分析。借助于 Scanner，可以针对任何要处理的文本内容编写自定义的语法分析器。

7.1.2　Scanner 类接受键盘录入的字符串

文件 7-1　ScannerDemo 类

```
package com. igeek_01;
import java. util. Scanner;
public class ScannerDemo {
    public static void main(String[ ] args) {
        //创建键盘录入对象
        Scanner sc=new Scanner(System. in);
        //接收数据
        System. out. println("请输入一个字符串数据:");
        String s=sc. nextLine( );
        //输出结果
        System. out. println("s: "+s);

    }
}
```

程序运行结果如下。

```
请输入一个字符串数据:
this is scanner
s:this is scanner
```

7.2　String 类和 StringBuilder 类

7.2.1　String 类概述

Java 语言规定字符串变量必须用双引号括起，一个串可以包含字母、数字和各种特殊字符串。如“abc”是 String 类的一个实例，或者成为 String 类的一个对象。字符串是常量，一旦被赋值，就不能被改变。字符串本质是一个字符数组。

7.2.1.1 String 类的构造方法

String(String original)：把字符串数据封装成字符串对象。

String(char[ ] value)：把字符数组的数据封装成字符串对象。

String(char[ ] value，int index，int count)：把字符数组中的一部分数据封装成字符串对象。

7.2.1.2 字符串常用构造方法

文件 7-2　StringDemo 类

```
package com. igeek_02;

public class StringDemo {
    public static void main(String[ ] args) {
        //方式 1
        //String(String original): 把字符串数据封装成字符串对象
        String s1 = new String("hello");
        System. out. println("s1: "+s1);
        System. out. println("- - - - - - - - - ");

        //方式 2
        //String(char[] value): 把字符数组的数据封装成字符串对象
        char[ ] chs = {'h' ,'e' ,'l' ,'l' ,'o' };
        String s2 = new String(chs);
        System. out. println("s2: "+s2);
        System. out. println("- - - - - - - - - ");

        //方式 3
        //String(char[ ] value, int index, int count): 把字符数组中的一部分数据封装
成字符串对象
        //String s3 = new String(chs, 0, chs. length);
        String s3 = new String(chs, 1, 3);
        System. out. println("s3: "+s3);
        System. out. println("- - - - - - - - - ");

        //方式 4
        String s4 = "hello";
        System. out. println("s4: "+s4);

    }
}
```

程序运行结果如下。

```
s1:hello
---------
s2:hello
---------
s3:ell
---------
s4:hello
```

7.2.1.3　创建字符串对象的两种方式

文件 7-3　StringDemo2 类

```
package com.igeek_02;

public class StringDemo2 {
    public static void main(String[ ] args) {
        String s1 = new String("hello");
        String s2 = "hello";

        System.out.println("s1: "+s1);
        System.out.println("s2: "+s2);

        System.out.println("s1 = = s2: "+(s1 = = s2)); // false

        String s3 = "hello";
        System.out.println("s1 = = s3: "+(s1 = = s3)); // false
        System.out.println("s2 = = s3: "+(s2 = = s3)); // true

    }
}
```

程序运行结果如下。

```
s1:hello
s2:hello
s1==s2:false
s1==s3:false
s2==s3:true
```

7.2.1.4　String 类的判断功能

boolean equals(Object obj)：比较字符串的内容是否相同。

boolean equalsIgnoreCase(String str)：比较字符串的内容是否相同，忽略大小写。

boolean startsWith(String str)：判断字符串对象是否以指定的 str 开头。

boolean endsWith(String str)：判断字符串对象是否以指定的 str 结尾。

7.2.1.5 字符串判断

文件 7-4 StringDemo3 类

```
package com. igeek_02;

public class StringDemo3 {
    public static void main(String[ ] args) {
        // 创建字符串对象
        String s1 = "hello";
        String s2 = "hello";
        String s3 = "Hello";
        // boolean equals(Object obj): 比较字符串的内容是否相同
        System. out. println(s1. equals(s2));
        System. out. println(s1. equals(s3));
        System. out. println("- - - - - - - - - - - ");
        // boolean equalsIgnoreCase(String str): 比较字符串的内容是否相同,忽略大小写
        System. out. println(s1. equalsIgnoreCase(s2));
        System. out. println(s1. equalsIgnoreCase(s3));
        System. out. println("- - - - - - - - - - - ");
        // boolean startsWith(String str): 判断字符串对象是否以指定的 str 开头
        System. out. println(s1. startsWith("he"));
        System. out. println(s1. startsWith("ll"));
    }
}
```

程序运行结果如下。

```
true
false
-----------
true
true
-----------
true
false
```

7.2.1.6 模拟登录

模拟用户登录，通过键盘输入用户名、密码，允许错误三次，正确的用户名、密码均为“admin”，若输入正确，显示“登录成功”；若输入错误，每一次会提示剩余机会；若输错三次，提示“用户名和密码被锁定，请与管理员联系”。

文件 7-5　StringTest 类

```
package com. igeek_02;
import java. util. Scanner;
public class StringTest {
    public static void main(String[ ] args) {
        // 定义两个字符串对象,用于存储已经存在的用户名和密码
        String username = "admin";
        String password = "admin";
        // 给三次机会,用 for 循环实现
        for (int x = 0; x<3; x++) {
            // 键盘录入用户名和密码
            Scanner sc = new Scanner(System. in);
            System. out. println("请输入用户名:");
            String name = sc. nextLine( );
            System. out. println("请输入密码:");
            String pwd = sc. nextLine( );

            // 拿键盘录入的用户名和密码和已经存在的用户名和密码进行比较
            if (username. equals(name) &&password. equals(pwd)) {
                System. out. println("登录成功");
                break;
            } else {
                if (x = = 2) {
                    System. out. println("用户名和密码被锁定,请与管理员联系");
                } else {
                    System. out. println("登录失败,你还有"+(2- x)+"次机会"); // 2, 1, 0
                }
            }
        }
    }
}
```

程序运行结果如下。

```
请输入用户名:
admin
请输入密码:
admin
登录成功
```

正确的用户名、密码登录

```
请输入用户名:
sa
请输入密码:
123
登录失败,你还有2次机会
请输入用户名:
```

错误的用户名、密码登录

7.2.2 StringBuilder 类

7.2.2.1 StringBuilder 类概述

StringBuilder 类是一个可变的字符串，用在字符串缓冲区。String 和 StringBuilder 的区别：String 的内容是固定的，而 StringBuilder 的内容是可变的。

7.2.2.2 StringBuilder 类的常用方法

（1）构造方法如下。

StringBuilder( )

（2）成员方法如下

① public int capacity( )：返回当前容量（理论值）。

② public int length( )：返回长度(已经存储的字符个数)。

③ public StringBuilder append(任意类型)：添加数据，并返回自身对象。

④ public StringBuilder reverse( )：反转功能。

7.2.2.3 创建 StringBuilder 对象

文件 7-6 StringBuilderDemo 类

```
package com. igeek_02;

public class StringBuilderDemo {
    public static void main(String[ ] args) {
        //创建对象
        StringBuilder sb = new StringBuilder();
        System. out. println("sb: "+sb);
        System. out. println("sb. capacity( ): "+sb. capacity( ));
        System. out. println("sb. length( ): "+sb. length( ));
    }
}
```

程序运行结果如下。

```
sb:
sb.capacity():16
sb.length():0
```

7.2.3.4 添加、反转功能

文件 7-7 StringBuilderDemo2 类

```
package com. igeek_02;

public class StringBuilderDemo2 {
    public static void main(String[ ] args) {
```

```
            // 创建对象
            StringBuilder sb = new StringBuilder();
            // public StringBuilder append(任意类型)
            // StringBuilder sb2 = sb. append("hello");

            /*
            System. out. println("sb: "+sb);
            System. out. println("sb2: "+sb2);
            System. out. println(sb = = sb2); //true
             */

            /*
            sb. append("hello"); sb. append("world"); sb. append(true);
            sb. append(100);
             */
            // 链式编程
            sb. append("hello"). append("world"). append(true). append(100);

            System. out. println("sb: "+sb);
            // public StringBuilder reverse( )
            sb. reverse( );
            System. out. println("sb: "+sb);
        }
    }
```

程序运行结果如下。

```
sb:helloworldtrue100
sb:001eurtdlrowolleh
```

7.2.3　StringBuilder 类与 String 类的区别

String 本身是不可改变的，它只能赋值一次，每一次内容发生改变，都会生成一个新的对象，然后原有的对象引用新的对象，而每一次生成新对象都会对系统性能产生影响，这会降低编译器的工作效率。而 StringBuilder 类则不同，每次操作都是对自身对象进行操作，而不是生成新的对象，其所占空间会随着内容的增加而扩充，这样，在做大量的修改操作时，不会因生成大量匿名对象而影响系统性能。

当程序中需要大量的对某个字符串进行操作时，应该考虑应用 StringBuilder 类处理该字符串，其设计目的就是针对大量 String 操作的一种改进办法，避免产生太多的临时对象；而当程序中只是对某个字符串进行一次或几次操作时，采用 String 类即可。

7.3 日期操作类

Java 程序开发过程中，经常会遇到操作日期类型的情形，Java 对日期的操作提供了良好的支持，主要使用 java. util 包中的 Date、Calendar 及 java. text 包中的 SimpleDateFormat 来实现。

7.3.1 Date 类

Date 类是一个较为简单的操作类，在使用中直接使用类 java. util. Date 的构造方法并进行输出，就可以得到一个完整的日期，定义构造方法的格式如下。

```
public Date( )                  //返回当前时间
public Date(long date)          //返回指定毫秒值的日期对象
```

普通方法如下。

```
public long getTime( )          //获取当前时间对象的毫秒值
public void setTime(long time)  //设置时间毫秒值
```

7.3.1.1 日期类的使用

文件 7-8 DateDemo 类

```
package com. igeek_03;

import java. util. Date;

public class DateDemo {
    public static void main(String[ ] args) {
        // 创建当前时间的 Date 对象
        Date date = new Date( );
        System. out. println(date);

        long time = date. getTime( );
        System. out. println(time);
        // 制定毫秒值创建 Date 对象
        Date date2 = new Date(0L);
        System. out. println(date2);
        // 修改日期毫秒值
        date2. setTime(14962627904L);
        System. out. println(date2);
    }
}
```

程序运行结果如下。

```
Thu Jun 06 10:43:07 CST 2019
1559788987194
Thu Jan 01 08:00:00 CST 1970
Tue Jun 23 12:17:07 CST 1970
```

7.3.2　DateFormat 类方法

DateFormat 是日期/时间格式化子类的抽象类，它以与语言无关的方式格式化并解析日期或时间。日期/时间格式化子类(如 SimpleDateFormat 类)允许进行格式化(也就是日期→文本)、解析(文本→日期)和标准化。通过这个类可以帮我们完成日期和文本之间的转换。

7.3.2.1　日期对象格式化为日期字符串

该实例通过“public final String format(Date date)”方法，将日期格式化成字符串。具体实现过程如下。

文件 7-9　DateFormatDate2StringDemo 类

```
package com. igeek_03;

import java. text. DateFormat;
import java. text. SimpleDateFormat;
import java. util. Date;

public class DateFormatDate2StringDemo {
    public static void main(String[ ] args) {

        // 定义日期规则字符串
        String rule="yyyy 年 MM 月 dd 日 HH: mm: ss";
        // 使用日期转换规则,创建日期格式化类对象
        DateFormat format=newSimpleDateFormat(rule);

        // 准备要转换的日期对象
        Date dNow=new Date( );
        // 转换 Date 对象为 String 字符串
        String sNow=format. format(dNow);

        // 打印结果
        System. out. println(sNow);
        System. out. println(dNow);
    }
}
```

程序运行结果如下。

```
2019年06月06日10:42:16
Thu Jun 06 10:42:16 CST 2019
```

7.3.2.2 日期字符串解析为日期对象

该实例通过“public Date parse(String source) throws ParseException”方法，将字符串转化成日期格式。具体实现过程如下。

文件 7-10 DateFormatString2DateDemo 类

```
package com. igeek_03;

import java. text. DateFormat;
import java. text. ParseException;
import java. text. SimpleDateFormat;
import java. util. Date;

public class DateFormatString2DateDemo {
    public static void main(String[ ] args) throwsParseException {

        // 定义日期规则字符串
        String rule = "yyyy 年 MM 月 dd 日 HH: mm: ss";
        // 创建日期格式化类对象
        DateFormat format = new SimpleDateFormat(rule);
        // 准备日期字符串
        String sTime = "2017 年 11 月 06 日 14: 10: 28";
        // 转换生成 Date 对象
        Date dTime = format. parse(sTime);
        // 打印 Date 对象
        System. out. println(dTime);
    }
}
```

程序运行结果如下。

```
Mon Nov 06 14:10:28 CST 2017
```

7.3.3 Calendar 类方法

(1) 获取日历类的子类对象：

public static Calendar getInstance( )

(2) 获取时间属性的方法：

```
public int get(int field)
    //获取时间字段值,字段参见帮助文档 int field 对应的字段
public final void set(int year, int month, int date)
    //设置年月日,可查看对应重载
public final Date getTime( )
    //获取该日历对象转成的日期对象
```

7.3.3.1 日历类的使用

文件 7-11 CalendarDemo 类

```
package com. igeek_03;

import java. util. Calendar;
import java. util. Date;

public class CalendarDemo {
    public static void main(String[ ] args) {
        // 创建日历类对象,当前时间
        Calendar rightNow = Calendar. getInstance( );
        System. out. println(rightNow);
        // Calendar 转成 Date 对象
        Date time = rightNow. getTime( );
        System. out. println(time);
        // 获取属性值
        int year = rightNow. get(Calendar. YEAR);
        System. out. println(year);
        int month = rightNow. get(Calendar. MONTH)+1;
        System. out. println(month);
        int day = rightNow. get(Calendar. DAY_OF_MONTH);
        System. out. println(day);
        // 设置年月日
        rightNow. set(2008, 8- 1, 8);
        System. out. println(rightNow);
    }
}
```

程序运行结果如下。

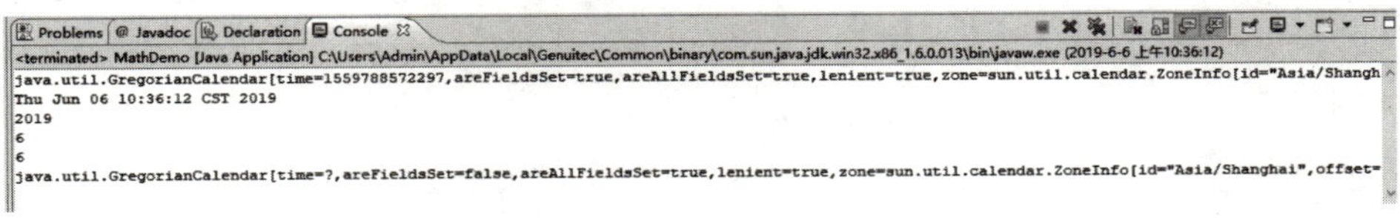

7.4　其他常用类

7.4.1　Math 类方法

public static int abs(int a)：返回 a 的绝对值。

public static double ceil(double a)：求大于等于 a 的最小整数，返回该整数的小数形式。

public static double floor(double a)：求小于等于 a 的最小整数。

public static long round(double a)：对 a 进行四舍五入，返回四舍五入后的值。

public static double pow(double a, double b)：求 a 的 b 次幂，返回 double 形式。

7.4.4.1　数学工具类

文件 7-12　MathDemo 类

```
package com.igeek_04;

public class MathDemo {
    public static void main(String[ ] args) {
        // 访问静态常量
        System.out.println(Math.PI);
        // 访问静态方法
        // 求绝对值
        System.out.println(Math.abs(- 105));
        // 向上向下取整
        System.out.println(Math.ceil(1.26));
        System.out.println(Math.floor(1.26));
        System.out.println(Math.round(1.26));
        // 求第一个参数的第二个参数次方是多少
        System.out.println(Math.pow(10, 3));
    }
}
```

程序运行结果如下。

```
3.141592653589793
105
2.0
1.0
1
1000.0
```

7.4.2　System 类方法

public static void exit(int status)：让操作系统终止该 Java 程序，0 代表正常终止。

public static void gc()：暗示 Java 虚拟机回收不使用的对象(垃圾)。

public static String getProperty(String key)：查找制定的系统属性，系统属性参照 API。

7.4.2.1　System 类常用方法

文件 7-13　SystemDemo 类

```
package com.igeek_04;

public class SystemDemo {
    public static void main(String[ ] args) {
        // 标准输出与错误输出
        System.out.println("i love java");
        System.err.println("i love java");

        // 获取指定的系统属性
        System.out.println(System.getProperty("os.name"));

        // 终止 Java 程序
        System.exit(0);
        System.out.println("后边的代码");

    }
}
```

程序运行结果如下。

```
i love java
i love java
Windows Vista
```

7.5　包装类

7.5.1　基本类型包装类简介

Java 中提供了相应的对象来解决该问题，基本数据类型对象包装类。

Java 将基本数据类型值封装成了对象。

封装成对象的好处：可以提供更多的操作基本数值的功能。

8 种基本类型对应的包装类如图 7-1 所示。

字节型	短整型	整型	长整型	字符型	布尔型	浮点型	浮点型
byte	short	int	long	char	boolean	float	double
Byte	Short	Integer	Long	Character	Boolean	Float	Double

图 7-1　8 种基本类型对应的包装类

其中需要注意 int 对应的是 Integer，char 对应的 Character，其他 6 个都是基本类型首字母大写即可。

7.5.1.1　基本类型对应的包装器类

文件 7-14　PrimaryDataTypeDemo 类

```
package com. igeek_05;

public class PrimaryDataTypeDemo {
    public static void main(String[ ] args) {

        // 定义基本类型 10
        inti=10;
        // 定义引用类型 10
        Integer i2=new Integer(10);

        // 查看 integer 可以存放的最大/最小的数
        System. out. println(Integer. MAX_VALUE);
        System. out. println(Integer. MIN_VALUE);

        // 将整数转为二进制字符串
        String binaryString=Integer. toBinaryString(10);
        System. out. println(binaryString);

    }
}
```

程序运行结果如下。

```
2147483647
-2147483648
1010
```

7.5.2　自动拆箱与装箱机制

在需要的情况下，基本类型与包装类型可以通用。有些时候我们必须使用引用数据类型时，可以传入基本数据类型。

比如：

基本类型可以使用运算符直接进行计算，但是引用类型不可以；而基本类型包装类作为引用类型的一种却可以计算，原因在于，Java“偷偷地”自动地进行了对象向基本数据类型的转换。

相对应的，引用数据类型变量的值必须是 new 出来的内存空间地址值，而我们可以将一个基本类型的值赋值给一个基本类型包装类的引用。原因同样在于 Java 又“偷偷地”自动地进行了基本数据类型向对象的转换。

自动拆箱：将基本类型包装类的对象转成该基本类型的数值。

自动装箱：将基本类型的数值转成基本类型对应的包装类对象。

7.5.2.1　自动拆箱与装箱机制

文件 7-15　PrimaryDataTypeDemo2 类

```
package com. igeek_05;

import java. util. ArrayList;

public class PrimaryDataTypeDemo2 {

    public static void main(String[ ] args) {

        int i=10;
        int i2=20;
        System. out. println(i+i2);

        // 自动拆箱
        // 运算符只能操作基本类型
        // Scanner sc=new Scanner(System. in);
        // Scanner sc2=new Scanner(System. in);
        // System. out. println(sc+sc2);

        Integer i3=new Integer(100);
        Integer i4=new Integer(200);

        System. out. println(i3+i4);

        // 自动装箱
        Integer i5=300;

        ArrayList<Integer> list=newArrayList<Integer>( );
```

```
        list. add(10);
        list. add(20);
        list. add(30);
    }
}
```

程序运行结果如下。

```
30
300
```

7.6 随机数

7.6.1 Random 的使用步骤

我们想产生 1~100(包含 1 和 100)的随机数该怎么办呢? 我们不需要自己去写算，因为 Java 已经为我们提供好了产生伪随机数的类——Random。

Random 的作用如下。

(1) 用于产生一个伪随机数。

其使用步骤和 Scanner 类似。

(2) 导包。

import java. util. Random;

(3) 创建对象。

Random r=new Random();

(4) 获取伪随机数。

① int number=r. nextInt(10);

② 产生的数据在 0 到 10 之间，包括 0，不包括 10。

③ 括号里面的 10 是可以变化的，如果是 100，就是 0~100 之间的数据。

7.6.2 获取到一个 1~100 之间的伪随机数

文件 7-16 RandomDemo 类

```
package com. igeek_07;

import java. util. Random;
public class RandomDemo {
    public static void main(String[ ] args) {
        // 创建对象
        Random r=new Random( );
        for (int x=0; x<10; x++) {
```

```
                //获取随机数
                int number=r.nextInt(10);
                //输出随机数
                System.out.println("number: "+number);
            }
            System.out.println("---------------------");
            //如何获取到一个1~100之间的随机数呢?
            int i=r.nextInt(100)+1;
            System.out.println("i: "+i);
        }
}
```

程序运行结果如下。

```
number：3
number：5
number：5
number：9
number：4
number：7
number：5
number：1
number：8
number：7
---------------------
i：37
```

7.6.3　猜数字小游戏案例

系统产生一个1~100之间的随机数，请猜出这个数据是多少。

文件7-17　猜随机数RandomTest类

```
package com.igeek_07;
import java.util.Random;
import java.util.Scanner;
public class RandomTest {
    public static void main(String[ ] args) {
        //系统产生一个随机数1~100之间的
        Random r=new Random( );
        int number=r.nextInt(100)+1;
        while(true){
            //键盘录入我们要猜的数据
```

```
                Scanner sc=new Scanner(System.in);
                System.out.println("请输入你要猜的数字(1-100):");
                int guessNumber=sc.nextInt();
                // 比较这两个数据(用 if 语句)
                if (guessNumber>number) {
                    System.out.println("你猜的数据"+guessNumber+"大了");
                } else if (guessNumber<number) {
                    System.out.println("你猜的数据"+guessNumber+"小了");
                } else {
                    System.out.println("恭喜你,猜中了");
                    break;
                }
            }
        }
}
```

程序运行结果如下。

```
请输入你要猜的数字(1-100):
49
你猜的数据 49 大了
请输入你要猜的数字(1-100):
2
你猜的数据 2 小了
请输入你要猜的数字(1-100):
42
恭喜你，猜中了
```

本章小结

本章主要讲解了 Java 中常用的类。首先讲解了输入类 Scanner；其次介绍了字符串类 String 和 StringBuilder；然后介绍了和时间、日期有关的常用类 Date，DateFormat，Calendar；接着介绍了其他的常用类如数学函数类 Math 及系统类 System；再介绍了基本类型对应的包装器类；最后介绍了随机数的使用规则。本章的学习，读者应该熟悉字符串类、日期类、包装类等类方法的使用。

习 题

一、选择题

1. 下列 String 类的(　　)方法返回指定字符串的一部分。

   A. extractstring( )　　　B. substring( )

   C. Substring( )　　　D. Middlestring( )

2. 以下程序段输出结果的是(　　)。

```
public class Test{
public static void main(String args[ ]){
        Stringstr = "ABCDE";
        str. substring(3);
        str. concat("XYZ");
        System. out. print(str);
    }
}
```

   A. DE　　　B. DEXYZ　　　C. ABCDE　　　D. CDEXYZ

3. 对于下列代码：

```
public class Example{
String str = new String("hello");
    charch[ ] = {'d' , 'b' , 'c' };
    public static voidmain(Stringargs[ ]){
    Example ex = new Example( );
    ex. change(ex. str,ex. ch);
    System. out. println(ex. str+"and"+ex. ch[0]);
    }
    public void change(String str, charch[ ]){
    str = "world"; ch[0] = 'a' ;
    }
}
```

   输出结果是(　　)。

   A. hello and d　　　B. hello and a

   C. world and d　　　D. world and a

4. 要产生[20，999]之间的随机整数使用哪个表达式?(　　)

   A. (int)(20+Math. random( )*97)

   B. 20+int(Mathrandom( )*980)

   C. (int)Math. random( )*999

   D. 20+(int)Mathrandom( )*980

5. 如果以下条件成立，则用到 java. lang. Math 类中哪个方法？（　　）

method(- 4. 4) = = - 4;

A. round( )　　B. min( )　　C. trunk( )　　D. abs( )

6. 下面（　　）不是 String 类提供的合法的方法。

A. equals(String)　　B. trim( )

C. append( )　　D. indexOf( )

7. 给定如下所示的 Java 代码，运行时会产生（　　）类型的异常。

```
String s = null;
s. concat("abc");
```

A. ArithmeticException

B. NullPointerException

C. IOException

D. ClassNotFoundExcception

8. 以下代码的运行结果是（　　）。

```
public class TestStringContructor{
      public static void main(String args[ ]){
byte[ ] b = {49, 50, 51, 52, 53};
            String myString = new String(b);
            System. out. println(myString);
      }
}
```

A. 45555　　B. 12345　　C. 90123　　D. 4950515253

二、程序题

1. 键盘录入一个字符串，把该字符串的首字母转成大写，其余为小写。（只考虑英文大小写字母字符）

2. 利用 StringBuilder 完成字符串反转。

3. 键盘录入一个字符串，要求长度为 8，不符合条件，输出错误；符合条件，将字符串中所有大写字符替换成‘M’。

第 8 章

数组与集合

学习目标

1.【理解】一维数组介绍

(1)【理解】能够阐述数组概述和定义格式。

(2)【应用】能够独立写出数组初始化。

(3)【应用】能够独立写出数组中元素的访问。

2.【理解】一维数组的定义和使用

(1)【应用】能够独立编写数组操作之遍历数组的代码。

(1)【应用】能够独立编写数组操作之获取最值的代码。

3.【理解】二维数组的定义和使用

(1)【理解】能够阐述二维数组的概述和基本使用。

(2)【应用】能够独立编写二维数组遍历代码。

4.【应用】对象数组

(1)【理解】能够阐述对象数组在堆中的内存划分。

(2)【应用】能够独立定义一个对象数组并遍历该数组。

5.【应用】集合类

(1)【应用】能够独立使用集合的增、删、改、查方法。

(2)【应用】能够独立写出遍历集合代码。

(3)【应用】能够完成 ArrayList 集合的使用。

(4)【应用】能够完成 HashSet 集合的使用。

(5)【应用】能够完成 HashMap 集合的使用。

8.1 数 组

8.1.1 数组概述

需求：现在需要统计某公司员工的工资情况，如计算平均工资、找到最高工资等。假设该公司有 80 名员工，用前面所学的知识，程序首先需要声明 80 个变量来分别记住每位员工的工资，然后再进行操作，这样做会显得很麻烦。为了解决这种问题，Java 就提供了数组供我们使用。

数组是存储多个变量(元素)的容器，这多个变量的数据类型是一致的。

8.1.2 数组的定义格式

数组是存储同一种数据类型多个元素的容器。

数组的定义格式如下。

格式 1：数据类型[ ] 数组名；

格式 2：数据类型 数组名[ ]；

注意：建议使用格式 1。

举例如下。

格式 1：int[ ] a；//定义一个 int 类型的数组，数组名是 a。

格式 2：int a[ ]；//定义一个 int 类型的变量，变量名是 a 数组。

8.1.3 数组的初始化

Java 中的数组必须先初始化，然后才能使用。所谓初始化：就是为数组中的数组元素分配内存空间，并为每个数组元素赋值。数组的初始化方式分为动态初始化和静态初始化。

8.1.3.1 动态初始化

动态初始化是指初始化时只指定数组长度，由系统为数组分配初始值。

其格式为：数据类型[ ] 数组名=new 数据类型[数组长度]；

数组长度其实就是数组中元素的个数。

举例：

int[ ] arr=new int[3]；

解释：定义了一个 int 类型的数组，这个数组中可以存放 3 个 int 类型的值。

“=”左边：

int——说明数组中的元素的数据类型是 int 类型；

[ ]——说明这是一个数组；

arr——是数组的名称。

“=”右边：

new——为数组分配内存空间；

int——说明数组中的元素的数据类型是 int 类型；

[ ]——说明这是一个数组；

3——数组的长度，其实就是数组中的元素个数。

文件 8-1　数组动态初始化 ArrayDemo 类

```
package com.igeek_01;
public class ArrayDemo {
    public static void main(String[ ] args) {
        int[ ] arr = new int[3];
    }
}
```

8.1.3.2　静态初始化

静态初始化是指初始化时指定每个数组元素的初始值，由元素个数决定数组长度。静态初始化的格式如下。

数据类型[ ] 数组名 = new 数据类型[ ]{元素 1，元素 2，...}；

简化格式：

数据类型[ ] 数组名 = {元素 1，元素 2，...}；

举例：

int[ ] arr = new int[ ]{1，2，3}；

简化后：

int[ ] arr = {1，2，3}；

文件 8-2　数组静态初始化 ArrayDemo2 类

```
package com.igeek_01;
public class ArrayDemo2 {
    public static void main(String[ ] args) {
        int[] arr = {1, 2, 3};
    }
}
```

8.2　一维数组

8.2.1　数组的元素访问

数组中的每个元素都是有编号的，编号是从 0 开始的，最大的编号就是数组的长度-1，用数组名和编号的配合就可以获取数组中的指定编号的元素，这个编号也称索引。

数组的元素访问格式为：数组名[编号]、数组名[索引]

文件 8-3　数组 ArrayDemo 类

```
package com.igeek_02;
public class ArrayDemo {
    public static void main(String[ ] args) {
        //数据类型[ ] 数组名=new 数据类型[数组长度];
        int[] arr=new int[3];
        System.out.println(arr); //地址值

        System.out.println(arr[0]);
        System.out.println(arr[1]);
        System.out.println(arr[2]);
    }
}
```

程序运行结果如下。

```
<terminated> ArrayDemo
[I@18a992f
0
0
0
```

8.2.2　数组使用的注意事项

数组在使用过程中经常会遇到两个小问题：数组越界异常和空指针异常。

（1）数组越界异常：java.lang.ArrayIndexOutOfBoundsException。

产生的原因：就是你访问了不存在的索引元素。

（2）空指针异常：java.lang.NullPointerException。

产生的原因：数组已经不指向堆内存的数据了，你还使用数组名去访问元素。

8.2.3　一维数组遍历

案例需求：数组遍历(依次输出数组中的每一个元素)，获取数组中元素的个数。要求使用格式：数组名.length。

文件 8-4　数组遍历 ArrayTest 类

```
package com.igeek_04;
public class ArrayTest {
    public static void main(String[ ] args) {
        // 定义数组
        int[ ] arr={ 11, 22, 33, 44, 55 };
        // 原始做法
        System.out.println(arr[0]);
        System.out.println(arr[1]);
```

```
        System. out. println(arr[2]);
        System. out. println(arr[3]);
        System. out. println(arr[4]);
        System. out. println("--------------------");

        // 用 for 循环改进
        for (int x=0; x<5; x++) {
        System. out. println(arr[x]);
        }
        System. out. println("--------------------");

        //为了解决我们去数数组中元素个数的问题,数组就提供了一个属性:length
        //用于获取数组的长度
        //格式:数组名 . length
        System. out. println("数组共有:"+arr. length+"个");
        System. out. println("--------------------");

        for(int x=0; x<arr. length; x++) {
        System. out. println(arr[x]);
      }
    }
}
```

程序运行结果如下。

```
<terminated> ArrayTest (1) [Java Application]
11
22
33
44
55
--------------------
11
22
33
44
55
--------------------
数组共有: 5个
--------------------
11
22
33
44
55
```

8.2.4　一维数组操作之获取最值

案例需求：数组获取最值(获取数组中的最大值或最小值)。

文件 8-5　数组获取最值 ArrayTest2 类

```
package com.igeek_04;
public class ArrayTest2 {
    public static void main(String[ ] args) {
        int[ ] arr={12, 98, 45, 73, 60};
        int max=arr[0];

        //遍历数组,获取除了 0 以外的所有元素,进行比较
        for(int x=1; x<arr.length; x++) {
            if(arr[x] > max) {
                max=arr[x];
            }
        }
        System.out.println("数组中的最大值是:"+max);
    }
}
```

程序运行结果如下。

```
数组中的最大值是：98
```

8.3　二维数组

8.3.1　二维数组概述

二维数组就是元素为一维数组的数组。

定义格式如下。

格式 1：数据类型[ ][ ] 数组名;

格式 2：数据类型 数组名[ ][ ]; //不推荐

格式 3：数据类型[ ] 数组名[ ]; //不推荐

文件 8-6　二维数组 ArrayArrayDemo 类

```
package com.igeek_05;
public class ArrayArrayDemo {
    public static void main(String[ ] args) {
        // 数据类型[ ][ ] 数组名={{元素...}, {元素...}, {元素...}, ...};
        int[ ][ ] arr={ { 1, 2, 3 }, { 4, 5, 6 }, { 7, 8, 9 } };
```

```
        System. out. println(arr); // [[I@104c575
        System. out. println(arr. length); // 二维数组中的一维数组的个数
        System. out. println(arr[0]);// [I@3fa5ac
        System. out. println(arr[0]. length);
        System. out. println(arr[1]);// [I@95cfbe
        System. out. println(arr[2]);// [I@179dce4

        //我如何获取到一个二维数组的元素呢?
        System. out. println(arr[0][0]);
        System. out. println(arr[1][1]);
        System. out. println(arr[2][0]);
    }
}
```

程序运行结果如下。

```
<terminated> ArrayArrayDemo [J
[[I@18a992f
3
[I@4f1d0d
3
[I@1fc4bec
[I@dc8569
1
5
7
```

8.3.2　二维数组的遍历

遍历思想：首先使用循环遍历出二维数组中存储的每个一维数组，然后针对每个遍历到的一维数组再次使用循环遍历该一维数组中的元素。代码如下。

文件 8-7　二维数组的遍历 ArrayArrayTest 类

```
package com. igeek_05;
public class ArrayArrayTest {
    public static void main(String[ ] args) {
        int[ ][ ] arr={{1, 2, 3}, {4, 5, 6}, {7, 8, 9}};
        for(int y=0; y<arr. length; y++){
            for(int x=0; x<arr[y]. length; x++){
                System. out. println(arr[y][x]);
            }
        }
        System. out. println("- - - - - - - - - - - - - - -");
```

```
            System. out. println("hello");
            System. out. println("world");
            System. out. print("hello");
            System. out. print("world");
            System. out. println( );
            System. out. println("hello");
            System. out. println("world");

            System. out. println("- - - - - - - - - - - - - - - -");
            for(int y=0; y<arr. length; y++){
                for(int x=0; x<arr[y]. length; x++){
                    System. out. print(arr[y][x]+" ");
                }
                System. out. println( );
            }
        }
}
```

程序运行结果如下。

```
1
2
3
4
5
6
7
8
9
----------------
hello
world
helloworld
hello
world
----------------
1 2 3
4 5 6
7 8 9
```

8.4 对象数组

8.4.1 对象数组概述

对象数组指存储的元素为引用类型。如 Student[ ] stus = new Student[3]；Student 代表一个自定义类，stus 数组中 stus[0]、stus[1]、stus[2]的元素数据类型为 Student。

8.4.2 对象数组案例

创建一个学生数组，存储三个学生对象并遍历。实现以上功能，需要从以下几方面入手：定义学生类、创建学生数组、创建学生对象、把学生对象作为元素赋值给学生数组和遍历学生数组。其代码如下。

文件 8-8 学生 Student 类

```
package com.igeek_06;
public class Student {
    private String name;
    private int age;
    public Student( ) {
        super( );
    }

    public Student(String name, int age) {
        this.name=name;
        this.age=age;
    }
    public String getName( ) {
        return name;
    }
    public void setName(String name) {
        this.name=name;
    }
    public int getAge( ) {
        return age;
    }
    public void setAge(int age) {
        this.age=age;
    }
}
```

文件 8-9 学生数组 StudentDemo 类

```
package com.igeek_06;
public class StudentDemo {
    public static void main(String[ ] args) {
        //创建学生数组
        Student[ ] students=new Student[3];
```

```
        //创建学生对象
        Student s1 = new Student("小曹", 40);
        Student s2 = new Student("小刘", 35);
        Student s3 = new Student("小孙", 30);

        //把学生对象作为元素赋值给学生数组
        students[0] = s1;
        students[1] = s2;
        students[2] = s3;

        //遍历学生数组
        for(int x = 0; x<students. length; x++) {
            Student s = students[x];
            //System. out. println(s);
            System. out. println(s. getName( )+"- - - "+s. getAge( ));
        }
    }
}
```

程序运行结果如下。

```
小曹---40
小刘---35
小孙---30
```

8.5 集合类

在面向对象编程语言中，为了方便对多个对象进行操作，可以定义数组来存储对象，但数组的长度是固定的，有时候元素的个数是不确定的，无法确定数组的长度，这时候 Java 就提供了集合类供使用。

8.5.1 Java 集合框架介绍 & 体系图(如图 8-1 所示)

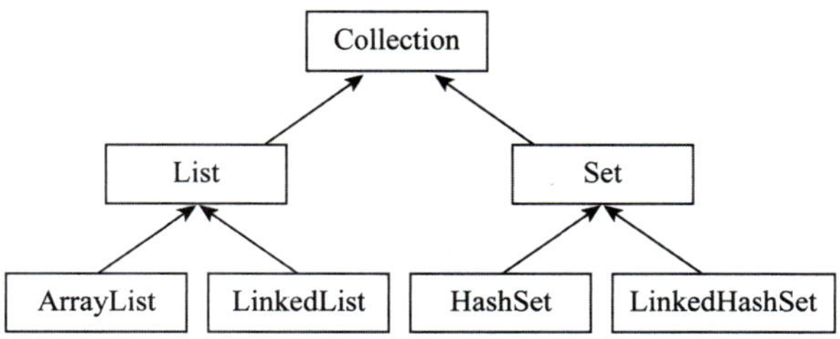

图 8-1 单列集合体系图

Collection：所有单列集合的直接或间接接口，其指定了所有集合应该具备的基本功能。
List：元素可重复，有序，带索引。
Set：元素不能重复，没有索引。
ArrayList(重要)：底层是数组结构。ArrayList 的出现替代了 Vector，增删慢，查找快。
LinkedList(重要)：底层是链表结构。同时对元素的增删操作效率很高。
HashSet(重要)：底层是哈希表结构。在不重复的基础上无序。
LinkedHashSet：底层是哈希表结构结合链表结构。在不重复的基础上可预测迭代顺序。

8.5.2　集合类之 ArrayList

ArrayList<E>集合也称动态数组，它是一种可以动态增长和缩减的索引序列，存储的元素有序、可重复。<E>是一种特殊的数据类型，称为泛型。大家只需在出现 E 的位置用实际的数据类型替换即可，如：ArrayList<String>，ArrayList<Student>。

其构造方法如下：

ArrayList<E>( );

ArrayList 常用的方法如表 8-1 所示。

表 8-1　ArrayList 常用的方法一览表

操作类型	方法	方法说明
添加元素	public boolean add(E e)	在集合末尾添加新元素
	public boolean add(int index, E element)	指定位置添加新元素
获取元素	public E get(int index)	返回指定索引处的元素
集合长度	public int size( )	返回集合中的元素的个数
删除元素	public boolean remove(Object o)	删除指定的元素，返回是否成功删除的 boolean 值
	public E remove(int index)	删除指定索引处的元素，返回被删除的元素
修改元素	public E set(int index, E element)	修改指定索引处的元素，返回被修改的元素

下面大家来看一个案例：ArrayList 遍历输出自定义对象。首先自定义一个标准学生类，其次在测试类中构造三个学生对象，依次将每个学生对象添加到 ArrayList 集合，最后遍历这个 ArrayList 集合，打印输出每个学生的姓名和年龄。

文件 8-10　学生类 Student

```
package com.igeek_07;
public class Student {
    private String name;
    private int age;
    public Student( ) {
        super( );
    }
```

```
    public Student(String name, int age) {
        this. name = name;
        this. age = age;
    }
    public String getName( ) {
        return name;
    }
    public void setName(String name) {
        this. name = name;
    }
    public int getAge( ) {
        return age;
    }

    public void setAge(int age) {
        this. age = age;
    }
}
```

【操作提示】

（1）自动生成构造方法。

① 在代码区域点击鼠标右键→Source→Generate Constructors from Superclass... 无参构造方法

② 代码区域点击鼠标右键→Source→Generate Constructor using Fields... 带参构造方法

（2）自动生成 getXxx( )/setXxx( )。

在代码区域点击鼠标右键→Source→Generate Getters and Setters...

文件 8-11　存储自定义对象并遍历 ArrayListTest3 类

```
package com. igeek_07;
import java. util. ArrayList;
public class ArrayListTest3 {
    public static void main(String[ ] args) {
        //创建集合对象
        ArrayList<Student> array = new ArrayList<Student>( );

        //创建学生对象
        Student s1 = new Student("小林", 28);
        Student s2 = new Student("小张", 30);
        Student s3 = new Student("小甜", 25);
```

```
            Student s4 = new Student("小岩", 18);

            //把学生对象作为元素添加到集合中
            array. add(s1);
            array. add(s2);
            array. add(s3);
            array. add(s4);

            //遍历集合
            for(int x = 0; x<array. size( ); x++) {
                Student s = array. get(x);
                System. out. println(s. getName( )+"- - - "+s. getAge( ));
            }
        }
    }
```

程序运行结果如下。

```
小林---28
小张---30
小甜---25
小岩---18
```

8. 5. 3　集合之 HashSet

HashSet 也称散列集，是 Set 接口的子类，不包含重复元素，元素无序。HashSet 下还有子类 LinkedHashSet，可预测迭代顺序的 Set 集合。HashSet 只能通过迭代器访问数据，具体操作代码如下。

文件 8-12　HashSet 的测试类 HashSetDemo

```
package com. igeek_08;

import java. util. HashSet;
import java. util. Iterator;
public class HashSetDemo {
    public static void main(String[ ] args) {
        //创建集合对象
        HashSet<String> set = new HashSet<String>();
        //向集合中添加元素
        set. add("Jack");
        set. add("Rose");
```

```
            set. add("Trump");
            set. add("Obama");
            set. add("Obama");
            System. out. println(set);
            //获取元素,只能用迭代器
            Iterator<String> itr = set. iterator( );

            while(itr. hasNext( )) {
                String thisName = itr. next( );
                System. out. println(thisName);
            }
            System. out. println("=================");
            for (String thisName : set) {
                System. out. println(thisName);
            }
        }
    }
```

程序运行结果如下。

```
[Jack, Trump, Rose, Obama]
Jack
Trump
Rose
Obama
=================
Jack
Trump
Rose
Obama
```

8.5.4 增强型 for 循环

增强型 for 循环格式如下。

for(集合元素类型 循环变量：集合名)
{
    //对循环变量进行操作
}

接下来我们利用增强型 for 循环来演示 HashSet 的操作，具体代码如下。

文件 8-13 HashSet 的练习类 HashSetTest

```
package com. igeek_08;
import java. util. HashSet;
public class HashSetTest {
```

```
    public static void main(String[ ] args) {
        String s = "aiodjl; hriWFUADJSVUEHiowfjnivowe";
        //定义不包含重复元素的 HashSet 集合
        HashSet<Character> set = new HashSet<Character>( );
        //将字符串拆分成一个个单个字符
        char[ ] charArray = s. toCharArray( );
        //使用增强 for 循环遍历数组
        for(char c : charArray) {
            //判断字符是否为字母
            if(('a' <= c&&c<= 'z' ) || ('A' <= c&&c<= 'Z' )) {
                //如果是字母,放到一个 HashSet 集合中
                set. add(c);
            }
        }
        //查看集合长度
        System. out. println("在该字符串中,一共存在不重复的字母"+set. size( )+"个");
    }
}
```

程序运行结果如下。

在该字符串中，一共存在不重复的字母 23 个。

8. 5. 5 集合之 Map

双列集合 Map，它的每个元素都有键与值两部分组成，记录的是键值对的对应关系，即通过键可以快速获取值。最常用的双列集合是 Map 下的子类 HashMap。HashMap 集合的键不得重复，值可以重复。

Map 常用方法如表 8-2 所示。

表 8-2 Map 常用方法一览表

操作类型	方法	方法说明
构造方法	Map<k, v>( )	k、v 都是泛型
获取元素	public V get(Object key)	返回指定 key 对应的 value 值
添加元素	public V put(K key, V value)	添加新的 key-value 对，则新值会覆盖掉旧值
获取所有键	public Set<K> keySet( )	返回所有键的集合
获取所有值	public Collection<V> values( )	返回所有值的集合

下面是 Map 集合常用方法的案例代码。

文件 8-14　Map 集合常用方法 MapDemo2 类

```
package com. igeek_09;
import java. util. HashMap;
public class MapDemo2 {
    public static void main(String[ ] args) {
        //创建集合对象
        HashMap<String, String> map = new HashMap<String, String>( );
        //向集合中添加元素
        map. put("及时雨", "宋江");
        map. put("玉麒麟", "卢俊义");
        map. put("智多星", "高俅");
        map. put("智多星", "吴用");
        System. out. println(map);
        //可以通过键获取值
        String name = map. get("及时雨");
        System. out. println(name);
        String name2 = map. get("母夜叉");
        System. out. println(name2);
    }
}
```

程序运行结果如下。

```
{智多星=吴用, 玉麒麟=卢俊义, 及时雨=宋江}
宋江
null
```

8. 5. 6　Map 集合遍历方式

1. Map 集合遍历方式 1

第 1 种遍历方式是，使用 Map 集合的 keySet( )方法，其操作思路为：通过 keySet( )方法获取所有键的集合；遍历键的集合，获取到每一个键；最后根据键获取值。

文件 8-15　Map 集合遍历方式 1-MapDemo3 类

```
package com. igeek_09;
import java. util. Collection;
import java. util. HashMap;
import java. util. Iterator;
import java. util. Set;
public class MapDemo3 {
    public static void main(String[ ] args) {
```

```
        //创建集合对象
        HashMap<String, String> map = new HashMap<String, String>( );
        //向集合中添加元素
        map. put("及时雨", "宋江");
        map. put("玉麒麟", "卢俊义");
        map. put("智多星", "高俅");
        map. put("智多星", "吴用");
        //返回所有键的集合
        Set<String> keySet = map. keySet( );
        System. out. println(keySet);
        //返回所有值得集合
        Collection<String> values = map. values( );
        System. out. println(values);
        System. out. println("=================================");
        //Map 集合的常用遍历
        //迭代所有键的 Set 集合,依次获取每一个键
        Iterator<String> iterator = keySet. iterator( );
        while(iterator. hasNext( )) {
            String thisKey = iterator. next( );
            //通过键找值,记住这里使用 Map 集合通过键找值
            String thisValue = map. get(thisKey);
            System. out. println(thisKey+" = "+thisValue);
        }
    }
}
```

程序运行结果如下。

```
[智多星, 玉麒麟, 及时雨]
[吴用, 卢俊义, 宋江]
=================================
智多星=吴用
玉麒麟=卢俊义
及时雨=宋江
```

注意：Map 没有迭代器方法，最常用的遍历方法是先获取所有键的集合，然后迭代该集合，依次获取每一个键，通过键找值。

2. Map 集合遍历方式 2

第 2 种遍历方式是，使用 Map 集合的 entrySet( )方法，其操作思路：通过 entrySet( )方法获取所有键值对对象的集合；遍历键值对对象的集合，获取到每一个键值对对象；根据键值对对象找键和值。

【说明】

（1）Set<Map. Entry<K，V>> entrySet( ) 方法用于返回某个集合所有的键值对对象。

（2）Map. Entry 说明 Entry 是 Map 的内部接口，将键和值封装成了 Entry 对象，并存储在 Set 集合中。可以从一个 Entry 对象中获取一个键值对的键与值。Map. Entry 是一个内部接口。

（3）Entry 中的方法如下：K getKey( ) 获取键；V getValue( ) 获取值。

文件 8-16　Map 集合遍历方式 2-EntryDemo 类

```
package com. igeek_09;
import java. util. HashMap;
import java. util. Map. Entry;
import java. util. Set;
public class EntryDemo {
    public static void main(String[ ] args) {
        //创建集合对象
        HashMap<String, String> map = new HashMap<String, String>( );
        //向集合中添加元素
        map. put("及时雨", "宋江");
        map. put("玉麒麟", "卢俊义");
        map. put("智多星", "吴用");
        //获取集合中所有的键值对对象的 Set 集合
        Set<Entry<String,String>> entrySet = map. entrySet( );
        //迭代集合,依次获取每一个键值对对象
        for(Entry<String, String> thisEntry: entrySet) {
            //通过键值对对象获取键
            String key = thisEntry. getKey( );
            //通过键值对对象获取值
            String value = thisEntry. getValue( );
            System. out. println(key+": "+value);
        }
    }
}
```

程序运行结果如下。

```
智多星:吴用
玉麒麟:卢俊义
及时雨:宋江
```

本章小结

本章主要讲解了数组和集合的使用。首先讲解了一维数组的定义、内存结构和初始化等基本知识，其次介绍了二维数组的定义和使用，最后介绍了对象数组及 ArrayList 集合。每一部分都通过具体的案例讲解了其使用方法和常见的操作。通过本章的学习，读者应该掌握数组和集合类的基本概念，重点掌握数组的使用、遍历操作及 ArrayList 集合的增、删、改、查方法。

习　题

一、选择题

1. 给出下面程序代码：

```
byte[ ] a1, a2[ ];
byte a3[ ][ ];
byte[ ][ ] a4;
```

下列数组操作语句中哪一个是不正确的？(　　)

A. a2 = a1　　B. a2 = a3　　C. a2 = a4　　D. a3 = a4

2. 关于数组，下列说法中不正确的是(　　)。

A. 数组是最简单的复合数据类型，是一系列数据的集合

B. 数组元素可以是基本数据类型、对象或其他数组

C. 定义数组时必须分配内存

D. 一个数组中所有元素都必须具有相同的数据类型

3. 设有下列数组定义语句：

```
int a[ ] = {1, 2, 3};
```

则对此语句的叙述错误的是(　　)。

A. 定义了一个名为 a 的一维数组

B. a 数组有 3 个元素

C. a 数组元素的下标为 1~3

D. 数组中每个元素的类型都是整数

4. 执行语句：“int[ ] x = new int[20];”后，哪个是正确的？(　　)

A. x[19]为空　　B. x[19]未定义

C. x[19]为 0　　D. x[0]为空

5. 下面代码运行后的输出结果为(　　)。

```
public class X6_1_5 {
    public static void main(String[ ] args) {
        AB aa = new AB( );
```

```
            AB bb;
        bb = aa;
        System. out. println(bb. equals(aa));
    }
}
class AB{ int x=100; }
```

A. true　　B. false　　C. 编译错误　　D. 100

6. 已知有定义：String s="I love"，下面哪个表达式正确？（　　）

A. s +="you"；　　B. char c=s[1]；

C. int len=s. length；　　D. String s=s. toLowerCase()；

二、填空题

1. 数组是一种________数据类型，在 Java 中，数组是作为________来处理的。数组是有限元素的有序集合，数组中的元素具有相同的________，并可用统一的________和________来唯一确定其元素。

2. 在数组定义语句中，如果[ ]在数据类型和变量名之间，[ ]之后定义的所有变量都是________类型，当[ ]在变量名之后时，只有[ ]之前的变量是________类型，之后没有[ ]的则不是数组类型。

3. 数组初始化包括________初始化和________初始化两种方式。

4. 利用________类中的________方法可以实现数组元素的复制；利用________类中的________和________方法可以实现对数组元素的排序、查找等操作。

三、编程题

1. 通过 ArrayList 获取满足要求的元素。给定一个字符串数组：{"张三丰"，"宋远桥"，"张无忌"，"殷梨亭"，"张翠山"，"莫声谷"}，将数组中的元素添加到集合中，并把所有姓张的人员打印到控制台上。

2. 通过 ArrayList 练习键盘录入数据存储并遍历。案例描述：创建一个 Student 类包含姓名和年龄属性，创建一个 ArrayList 集合，向集合中添加三个 Student 对象，Student 对象中姓名和年龄的数据均来自键盘录入，最终遍历这个集合，取出 Student 对象以及里面属性的值。

第 9 章 Eclipse 断点调试与 JUnit 单元测试

学习目标

1.【应用】Eclipse 断点调试

（1）【应用】学会断点调试常用操作。

（2）【应用】独立使用断点调试。

（3）【应用】使用方法内部改变形式参数不影响实际参数。

2.【应用】JUnit 单元测试

（1）【应用】使用 JUnit Java 语言单元测试框架。

（2）【应用】独立使用 JUnit 测试。

3.【应用】异常概述与分类

（1）【理解】能够阐述异常的由来。

（2）【应用】能够独立写出异常的继承体系。

4.【应用】异常的处理方式

（1）【应用】能够使用 try…catch 处理单个异常和多个异常。

（2）【应用】能够使用 throws 处理单个异常和多个异常。

5.【应用】异常的注意事项与自定义异常

（1）【理解】能够阐述异常在继承中的注意事项。

（2）【理解】能够阐述当有多个 catch，catch 中参数为父类的异常需要放在最后的原因。

（3）【理解】能够阐述写在 finally 中代码的作用。

（4）【理解】能够独立定义一个自定义异常，并使用该异常。

9.1 Eclipse 断点调试

9.1.1 Eclipse 断点调试概述

Eclipse 的断点调试可以查看程序的执行流程和解决程序中的 Bug。

9.1.2 Eclipse 断点调试常用操作

1. 什么是断点?

断点就是一个标记，标记从哪里开始。

2. 如何设置断点?

你想看哪里的程序，你就在那个有效程序的左边双击鼠标左键即可。

3. 在哪里设置断点?

哪里不会点哪里。目前，我们就在每个方法的第一条有效语句上都加。

4. 如何运行设置断点后的程序?

点击鼠标右键→Debug as→Java Application。

5. 看哪些地方?

Debug：在断点测试的地方，按 F6，或者点击鼠标左键也可以。一次看一行的执行过程。

Variables：查看程序的变量变化。

ForDemo：被查看的源文件。

Console：控制台。

6. 如何去除断点?

再次双击鼠标左键即可；或者找到 Debug 视图，Variables 界面，找到 Breakpoints，并点击 Breakpoints，然后看到所有的断点，最后点击那个双叉。

9.1.2 断点调试程序用于输出两个数的和

文件 9-1 DebugDemo. java

```
package com.igeek_02;

public class DebugDemo {
    public static void main(String[ ] args) {
        int a=10;
        int b=20;
        int c=a+b;
        System.out.println(c);
    }
}
```

断点调试程序示例一如图 9-1 所示。

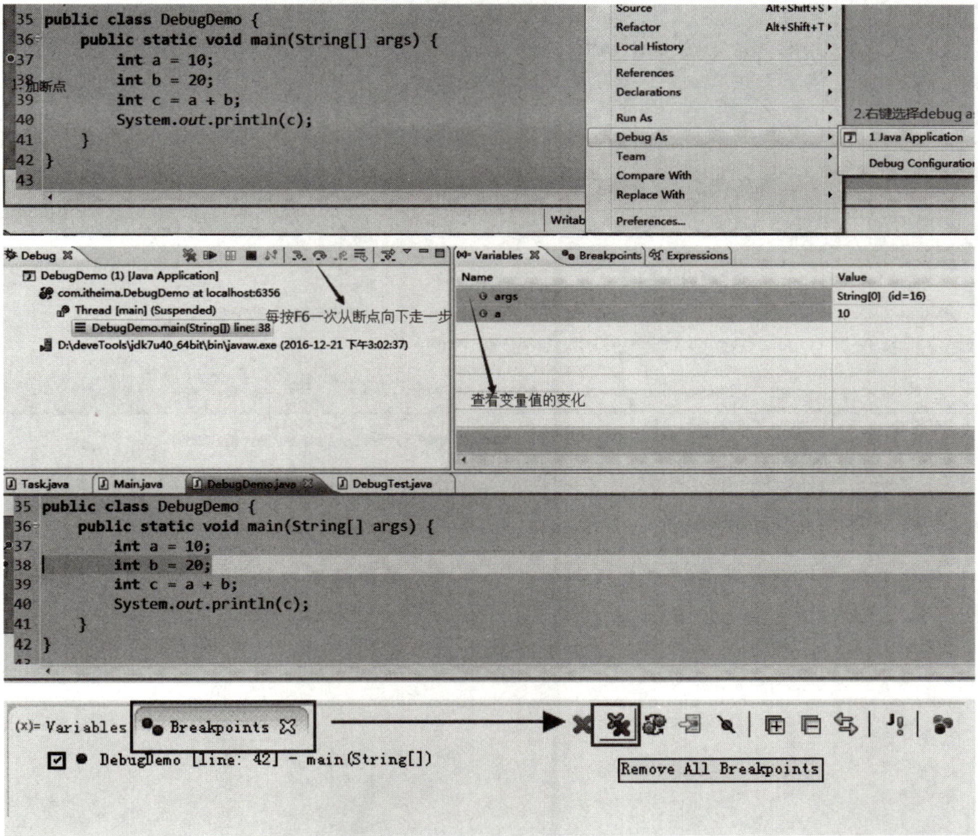

图 9-1　断点调试程序示例一

9.1.3　采用断点调试程序，查看循环的执行流程

文件 9-2　DebugTest. java

```
package com. igeek_03;

public class DebugTest {
      public static void main(String[ ] args)
{
            // 定义求和变量
            int sum=0;

            // 循环获取每一个数据
            for (intx=1; x<=5; x++) {
                  sum +=x;
```

```
            }

            System. out. println("sum: "+sum);
        }
    }
```

断点调试程序示例二如图 9-2 所示。

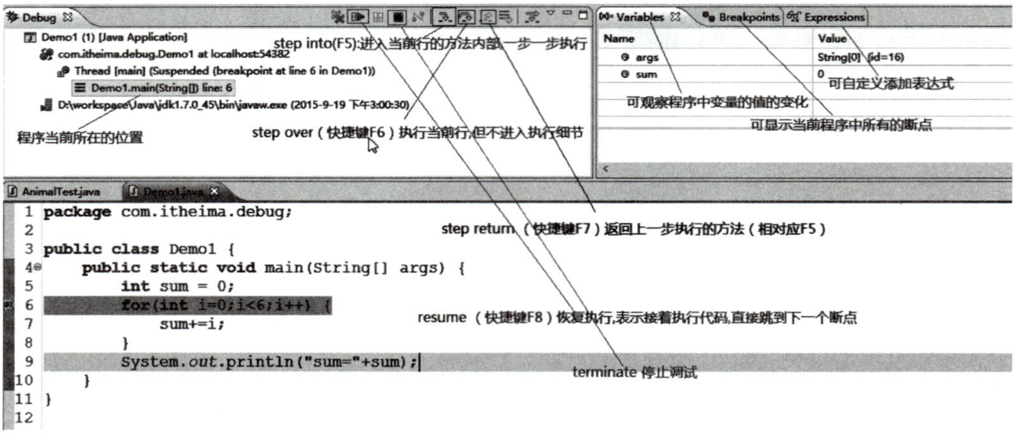

图 9-2　断点调试程序示例二

9.2　JUnit 单元测试

9.2.1　Junit 介绍

JUnit 是 Java 语言编写单元测试框架最直观的理解，就是取代 Java 类中的 main 方法。JUnit 属于第三方工具，一般情况下需要导入 jar 包，而多数 Java 开发环境都集成了 JUnit。

9.2.2　使用方式

（1）编写测试类，简单理解就是 JUnit 可以用于取代 Java 的 main 方法。

（2）在测试类方法上添加注解 @ Test。

（3）@ Test 修饰的方法要求：public void 方法名( ) {…} ，方法名自定义建议 test 开头，没有参数，如图 9-3 所示。

```
public class JunitTest01 {
    @Test 报错，Test类找不到，因为没有加入JUnit库
    public void test01(){
        System.out.println("运行test01");
    }
}
```

图 9-3　@ Test 修饰方法

(4) 添加 Eclipse 中集成的 JUnit 库，鼠标点击“@ Test”，使用快捷键“Ctrl+1”，点击“Add JUnit …”，如图 9-4 所示。

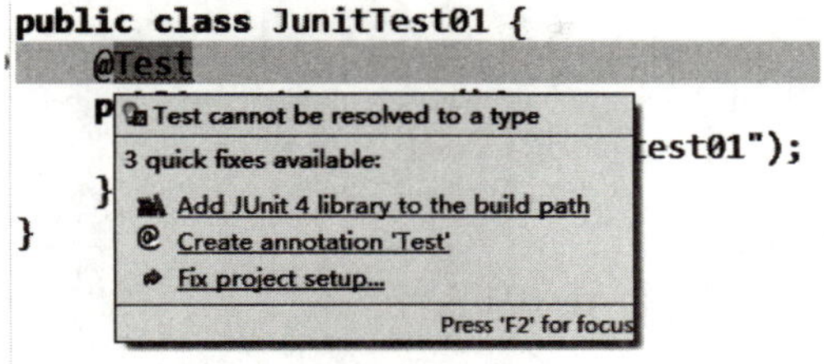

图 9-4　添加 Eclipse 中集成的 JUnit 库

添加成功之后，查看导入的包名，如图 9-5 所示。

```
import org.junit.Test;

public class JunitTest01 {
    @Test
    public void test01(){
        System.out.println("运行test01");
    }
}
```

图 9-5　查看导入的包名

(5) 使用方法：选中方法，点击鼠标右键，执行当前方法；选中类名，点击鼠标右键，执行类中所有方法(方法必须标记@ Test)，如图 9-6 所示。

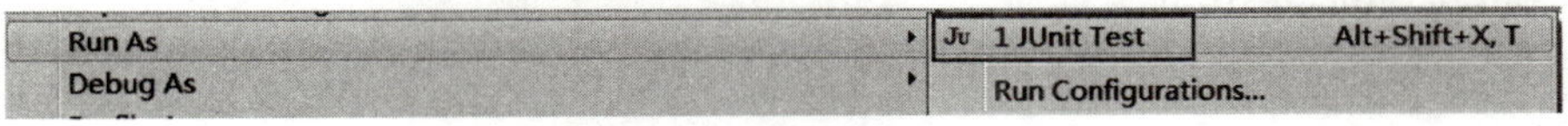

图 9-6　使用方法

(6) 常用注解。

① @ Test，用于修饰需要执行的方法。

② @ Before，测试方法前执行的方法。

③ @ After，测试方法后执行的方法。

(7) 常见使用错误，如果没有添加“@ Test”，使用“JUnit Test”进行运行，将抛异常，如图 9-7 所示。

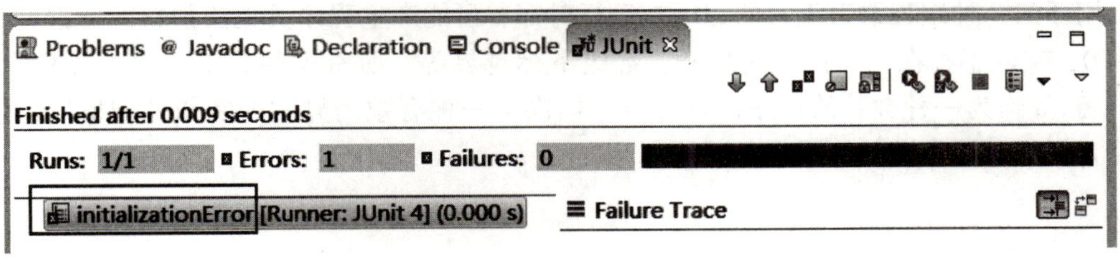

图 9-7　运行异常

9.2.3 JUnit 单元测试实例

文件 9-3 JUnitTest01.java

```
public class JUnitTest01 {
    @Test
    public void test01( ){
      System.out.println("运行 test01");
    }
    @Test
    public void test02( ){
      System.out.println("运行 test02");
    }
    @Before
    public void before( ){
      System.out.println("JUnit 运行之前做的准备工作。如打开资源等");      }
    @After
    public void after( ){
      System.out.println("JUnit 运行之后做的善后工作。如关闭资源等");      }
    @Test
    public void test03( ){
      System.out.println("运行 test03");
    }
}
```

9.3 异常的概述和处理方式

9.3.1 异常的概述

用任何一种编程语言编写的程序在运行时都有可能产生程序员无法预料的错误，如除数为 0、文件不存在、文件不能打开、数组下标越界等，所有这些非正常现象统称为“异常”。Java 作为一种健壮的程序设计语言，提供了一种有效的异常控制与处理机制，使用户能方便地对异常进行检测和灵活处理。

9.3.2 异常的两种处理方式

9.3.2.1 使用 try…catch 处理异常

1. try…catch 格式

```
try{
    需要检测的异常；
}  catch(异常类名异常变量) {
    异常处理代码
    可以调用异常的方法
    通常我们只使用一个方法：printStackTrace 打印异常信息
}
```

2. 捕获处理

文件 9-4 TryCatchDemo. java

```
package com. igeek_01;

import java. io. FileWriter;
import java. io. IOException;
import java. util. Scanner;

public class TryCatchDemo {
    public static void main(String[ ] args){

        //编译时异常
        //"d: /test. txt"
        //指定文件
        Scanner sc = new Scanner(System. in);
        System. out. println("请输入文件路径：");
        String path = sc. next( );

        try {
            FileWriter fw = new FileWriter(path);
            System. out. println("输出成功了");
        } catch(IOException e) {
            System. out. println("您输入的路径有误!");
            //用于展示异常出现的位置和基本信息
            e. printStackTrace( );
        }
```

```
        System. out. println("后边的代码");
    }
}
```

9.3.2.2　使用 throws 关键字处理异常

定义方法时，需要把出现的问题暴露出来让调用者去处理，通过 throws 在方法上标识。

throws 格式如下。

修饰符返回值类型方法名(参数类型参数名 1，参数类型参数名 2...)throws 异常类名{

}

在方法的声明上抛出产生的异常，自己不处理，谁调用这个方法，谁处理方法。声明方式时加 throws 异常类名。

文件 9-5　ThrowsDemo. java

```
package com. igeek_02;

import java. io. FileWriter;
import java. io. IOException;
import java. util. Scanner;

public class ThrowsDemo {
    public static void main(String[ ] args) {
        try {
            method( );
        } catch (IOException e) {
            System. out. println("文件有误");
            //调用方法,打印异常信息
            e. printStackTrace( );
        }

        System. out. println("后边的代码");
    }

    /**
    * @Title: method
    * @Description: 抛出异常的方法
    * @throws IOException
    */
    public static void method( ) throws IOException {
        method2( );
```

```
    }
    /*
    * 该方法的代码中,可能会产生 IOException 异常,该方法处理的方式是声明如果
出现该异常,就抛出该异常,自身并不处理,哪个方法调用该方法,哪个方法处理
     */
    /**
    * @Title: method2
    * @Description: 抛出异常的方法 2
    * @throws IOException
    */
    public static void method2( ) throws IOException {

        //编译时异常
        //"d: /test. txt"
        //指定文件
        Scanner sc=new Scanner(System. in);
        System. out. println("请输入文件路径:");
        String path=sc. next( );

        FileWriter fw=new FileWriter(path);
        System. out. println("输出成功了");
    }
}
```

9.3.2.3　单个运行时异常处理

文件 9-6　RuntimeExceptionDemo. java

```
package com. igeek_03;

public class RuntimeExceptionDemo {
    public static void main(String[ ] args) {

        try {
            System. out. println(10/0);
        } catch (ArithmeticException ae) {
            //可以打印异常信息,也可以不打印
            //ae. printStackTrace( );

            //如果出现异常的话
```

```
            System. out. println("除数不能为 0!");
        }
        System. out. println("后边的代码");

        try {
            method( );
        } catch (ArithmeticException ae) {
            System. out. println("除数不能为 0!");
        }
    }

/**
* @Title: method
* @Description: 运算方法
* @throws ArithmeticException
*/
public static void method( ) throws ArithmeticException{
        System. out. println(10/1);
    }
}
```

9.3.2.4 多个异常处理

1. try…catch 处理多个异常格式

```
try{
    需要检测的异常;
} catch(异常类名 1   异常变量 1) {
    异常处理代码
    可以调用异常的方法
    通常我们只使用一个方法:printStackTrace 打印异常信息
} catch(异常类名 2   异常变量 2) {
    异常处理代码
    可以调用异常的方法
    通常我们只使用一个方法:printStackTrace 打印异常信息
    }. . . . . //可以有无数个 catch
```

2. throws 处理多个异常格式

```
修饰符返回值类型方法名(参数类型参数名 1, 参数类型参数名 2...)
    throws 异常类名 1, 异常类名 2, ......{

}
```

3. throws 处理多个异常的案例

文件 9-7 MultiExceptionDemo. java

```
package com.igeek_04;

import java. io. FileWriter;
import java. io. IOException;
import java. util. Scanner;
public class MultiExceptionDemo {
    public static void main(String[ ] args) {

        //一个 try 多个 catch 的方式
        try{
            method( );
        }catch(ArithmeticExceptionae) {
            System.out.println("您的除数不能为 0");
        }catch(IOExceptione) {
            System.out.println("您要访问的文件不存在");
        }

        System.out.println("后边的代码");
    }
    //一个方法声明抛出多个异常
    /**
    * @Title: method
    * @Description: 抛出异常的方法
    * @throwsArithmeticException
    * @throwsIOException
    * /
    public static void method( ) throws ArithmeticException,IOException{

        System.out.println(10/1);
```

```
        System.out.println("method 逻辑 1 完成");

        method2( );
        System.out.println("method 逻辑 2 完成");
    }

    /**
    * @Title: method2
    * @Description: 抛出异常的方法 2
    * @throwsIOException
    * /
    public static void method2( ) throwsIOException {
        //指定文件
        Scanner sc=new Scanner(System. in);
        System. out. println("请输入文件路径:");
        String path=sc. next( );

        FileWriter fw=new FileWriter(path);
    }
}
```

4. 多个 catch 处理多个异常的案例

文件 9-8 MultiExceptionDemo2o. java

```
package com. igeek_04;

import java. io. FileWriter;
import java. io. IOException;
import java. util. Scanner;

public class MultiExceptionDemo2 {
    public static void main(String[ ] args) {

        /* 多个异常分别处理
        Scanner sc=new Scanner(System. in);
        String path=sc. next( );

        try {
            FileWriter fw=new FileWriter(path);
```

```
        } catch (IOException e) {
            System. out. println("您访问的文件不存在!");
        }

        try {
            System. out. println(10/0);
        } catch (ArithmeticException e) {
            System. out. println("除数不能为 0");
        }
        */

        /* 多个异常一次 try 一次 catch
        Scanner sc=new Scanner(System. in);
        String path=sc. next( );

        try {
            FileWriter fw=new FileWriter(path);
            System. out. println(10/0);
        }catch(ArithmeticException|IOException ae) {
            System. out. println("您访问的文件不存在! 或者除数不能为 0");
        }

        System. out. println("后边的代码");
        */

        //一个 try 多个 catch 的方式
        Scanner sc=new Scanner(System. in);
        System. out. println("请输入文件路径:");
        String path=sc. next( );
        try{
            FileWriter fw=new FileWriter(path);
            System. out. println(10/0);
        }catch(ArithmeticException ae) {
        System. out. println("您的除数不能为 0");
        }catch(IOException e) {
            System. out. println("您要访问的文件不存在");
        }
```

```
            System. out. println("后边的代码");
        }
    }
```

try…catch 处理多个异常时，子类异常写在父类异常的前面。

上述介绍的都是 JDK 内部定义好的异常，读者也可以自己定义异常。读者如果感兴趣，可以自行下载资料学习。

本章小结

本章主要讲解了 Eclipse 断点调试、JUnit 单元测试和异常处理。首先讲解了断点调试常用操作，其次讲解了使用 JUnit Java 语言单元测试框架，最后讲解了异常处理的相关知识。通过本章的学习，读者应该能够独立使用断点调试，独立使用 JUnit 测试，能够使用 try…catch 和 throws 处理各类异常。

习　题

一、选择题

1. 关于异常的含义，下列描述中最正确的一个是(　　)。

   A. 程序编译错误　　B. 程序语法错误

   C. 程序自定义的异常事件　　D. 程序编译或运行时发生的异常事件

2. 自定义异常时，可以通过对下列哪一项进行继承？(　　)

   A. Error 类　　B. Applet 类

   C. Exception 类及其子类　　D. AssertionError 类

3. 对应 try 和 catch 子句的排列方式，下列哪一项是正确的？(　　)

   A. 子类异常在前，父类异常在后

   B. 父类异常在前，子类异常在后

   C. 只能有子类异常

   D. 父类和子类不能同时出现在 try 语句块中

4. 运行下面程序时，会产生什么异常？(　　)

```
public class X7_1_4 {
    public static void main(String[ ] args) {
        int x=0;
        int y=5/x;
        int[] z={1, 2, 3, 4};
        int p=z[4];
    }
}
```

A. ArithmeticException　　B. NumberFormatException

C. ArrayIndexOutOfBoundsException　　D. IOException

5. 运行下面程序时，会产生什么异常？(　　)

```
public class X7_1_5 {
    public static void main(String[ ] args) {
        int[] z={1, 2, 3, 4};
        int p=z[4];
        int x=0;
        int y=5/x;
    }
}
```

A. ArithmeticException　　B. NumberFormatException

C. ArrayIndexOutOfBoundsException　　D. IOException

6. 下列程序执行的结果是(　　)。

```
public class X7_1_6 {
    public static void main(String[ ] args) {
        try{
            return;
        }
        finally{
            System. out. println("Finally");
        }
    }
}
```

A. 程序正常运行，但不输出任何结果

B. 程序正常运行，并输出 Finally

C. 编译通过，但运行时出现异常

D. 因为没有 catch 子句，所以不能通过编译

7. 下列代码中给出正确的在方法体内抛出异常的是(　　)。

A. new throw Exception("");　　B. throw new Exception("");

C. throws IOException();　　D. throws IOException;

8. 下列描述了 Java 语言通过面对对象的方法进行异常处理的好处，请选出不在这些好处范围之内的一项(　　)。

A. 把各种不同的异常事件进行分类，体现了良好的继承性

B. 把错误处理代码从常规代码中分离出来

C. 可以利用异常处理机制代替传统的控制流程

D. 这种机制对具有动态运行特性的复杂程序提供了强有力的支持

二、填空题

1. 异常是在程序编译或运行中所发生的可预料或不可预料的异常事件，出现在编译阶段的异常，称之为__________，出现在运行阶段的异常，称之为__________。

2. 根据异常的来源，可以把异常分为两种类型：__________和__________。

3. 所有的 Java 异常类都是系统类库中的__________类的子类。

4. 抛出异常分为__________、__________以及__________三种情况。

5. Java 语言为我们提供了__________语句和__________语句捕捉并处理异常。

6. 一个 try 块后面可能会跟着若干个__________块，每个__________块都有一个异常类名作为参数。

7. 如果 try 语句块产生的异常对象被第一个 catch 块所接收，则程序的流程将__________，catch 语句块执行完毕后就__________，try 块中尚未执行的语句和其他的 catch 块将被__________；如果 try 语句块产生的异常对象与第一个 catch 块不匹配，系统将自动转到__________进行匹配。

8. 由于异常对象与 catch 块的匹配是按照 catch 块的__________顺序进行的，所以在处理多异常时应注意认真设计各 catch 块的排列顺序。

9. throws 语句抛出的异常实际上是由 throws 语句修饰的方法内部的__________语句抛出的，使用 throws 的主要目的是为了__________。

三、判断题

1. 捕获异常 try 语句后面通常跟有一个或多个 catch( ) 方法用来处理 try 块内生成的异常事件。 (   )

2. 使用 try-catch-finally 语句只能捕获一个异常。 (   )

3. try-catch 语句不可以嵌套使用。 (   )

4. Error 类所定义的异常是无法捕获的。 (   )

5. IOException 异常是非运行时异常，必须在程序中抛弃或捕获。 (   )

6. 用户自定义异常类是通过继承 Throwable 类来创建的。 (   )

7. 当一个方法在运行过程中产生一个异常，则这个方法会终止，但是整个程序不一定终止运行。 (   )

第 10 章

超市购物小票案例

学习目标

【应用】独立编写超市购物小票案例

(1)【理解】阐述超市购物小票需求及所用到的知识点。
(2)【应用】独立编码定义商品项类。
(3)【应用】独立编码完成小票数据初始化功能。
(4)【应用】独立编码完成购物小票主干逻辑。
(5)【应用】独立编码完成为商品数量和金额赋值功能。
(6)【应用】独立编码完成购物小票打印功能。

10.1 超市购物小票需求分析

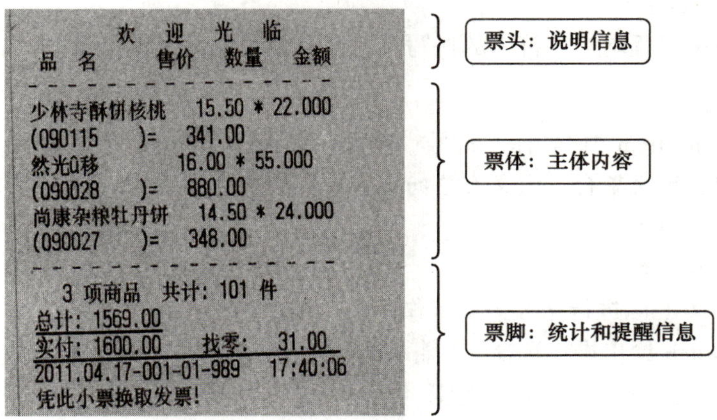

图 10-1 超市购物小票图片

模拟真实购物逻辑，以图 10-1 为需求原型，根据购买的物品，完成购物小票内容打印。(简化项目逻辑，票脚部分只完成数据统计)

1. 数据分析

将超市购物小票案例中零散数据(名称、货号、单价、数量、计价单位、金额)封装为货物对象。

所有的货物对象放置到集合中统一管理。

2. 业务逻辑分析

用户循环需要进行以下三个操作：

(1) 输入购买数量，代表为所购买货物的数量赋值，从而计算每项商品金额；

(2) 打印小票，将已有数据打印；

(3) 退出系统(因为该程序为循环操作，无法终止)。

10.2 超市购物小票知识点分析

1. 复习知识点

(1) 变量定义：记录部分数据。

(2) 集合的使用：用于存储多个完整数据。

(3) 运算符的使用：计算变量。

(4) 流程控制语句的使用。

① if 语句：用于判断是否购买商品。

② switch 语句：用于进行三个操作(输入购买数量、打印小票、退出系统)的分支。

③ for 语句：switch 外部使用 for 循环，当执行一个操作后，继续进行下一个操作选择。

(5) 方法封装。

由于代码量比较多，可以将输入购买数量、打印小票封装为方法使用。

(6) 字符串/键盘录入。

打印小票完整过程均为字符串的拼写及打印，数量输入为键盘录入 Scanner 完成。

2. 操作步骤

(1) 定义 GoodsItem 类(名称、货号、单价、数量、计价单位、金额)。

(2) 成员位置定义集合，定义方法向集合中存储所有 GoodsItem 数据。

(3) 实现主干逻辑。

(4) 打印欢迎语句。

(5) 使用 for/while 进行循环进行操作。

(6) 使用 switch 给出操作选择：1 输入购买数量、2 打印小票、3 退出。

(7) 完成 switch 中三个 case 的逻辑。

(8) 运用方法封装功能：将 1 输入购买数量、2 打印小票封装为独立方法，在 case 中调用，提高代码可读性。

10.3　超市购物小票商品项类的定义

定义商品项类，将要购买的商品封装到一个 GoodItems 类中，其中定义商品项类：名称 name，货号 id，单价 price，数量 number，计价单位 unit，金额 money。编码如下。

文件 10-1　商品项 GoodsItem 类

```
package com. igeek_01;
public class GoodsItem {
    // 成员变量
    private String name;
    private String id;
    private double price;
    private int number;
    private String unit;
    private double money;
    // 构造方法
    public GoodsItem( ) {
    }
    public GoodsItem(String name, String id, double price, int number, String unit,
double money) {
        this. name=name;
        this. id=id;
        this. price=price;
        this. number=number;
        this. unit=unit;
        this. money=money;
    }
    public String getName( ) {
        return name;
    }
    public void setName(String name) {
        this. name=name;
    }
    public String getId( ) {
        return id;
    }
    public void setId(String id) {
        this. id=id;
```

```
    }
    public double getPrice( ) {
        return price;
    }
    public void setPrice(double price) {
        this. price=price;
    }
    public int getNumber( ) {
        return number;
    }
    public void setNumber(int number) {
        this. number=number;
    }
    public String getUnit( ) {
        return unit;
    }
    public void setUnit(String unit) {
        this. unit=unit;
    }
    public double getMoney( ) {
        return money;
    }
    public void setMoney(double money) {
        this. money=money;
    }
}
```

10.4 超市购物小票初始化数据

超市购物小票数据初始化，定义方法向集合中存储所有 GoodsItem 数据。代码如下。

文件 10-2 超市购物小票类 ShoppingReceipt

```
package com. igeek_02;
import java. util. ArrayList;
import com. igeek_01. GoodsItem;
public class ShoppingReceipt {

    /**
    * @Fields data : 成员位置定义集合,存储所有的商品项对象
```

```
    */
    static ArrayList<GoodsItem> data = new ArrayList<GoodsItem>( );

    public static void main(String[ ] args) {
        //为集合准备数据
        initData( );
    }

    /**
    * @Title: initData
    * @Description: 定义方法,向成员位置的集合赋值
    */
    public static void initData( ) {
        //创建多个商品项对象
        GoodsItem sls = new GoodsItem("少林寺核桃", "090115", 15. 5, 0, "个", 0);
        GoodsItem shk = new GoodsItem("尚康饼干", "090027", 14. 5, 0, "个", 0);
        //将多个商品项对象放入集合中
        data. add(sls);
        data. add(shk);
    }
}
```

10. 5　超市购物小票主干逻辑

超市购物小票实现主干逻辑包含以下几方面。

（1）打印欢迎语句。

（2）使用 for/while 进行循环进行操作。

（3）使用 switch 给出操作选择：1 输入购买数量、2 打印小票、3 退出。

（4）完成 switch 中三个 case 的逻辑。

（5）运用方法封装功能：将 1 输入购买数量、2 打印小票封装为独立方法，在 case 中调用，提高代码可读性。

文件 10-3　超市购物小票类 ShoppingReceipt

```
package com. igeek_03;
import java. util. ArrayList;
import java. util. Scanner;
import com. igeek_01. GoodsItem;
public class ShoppingReceipt {
```

```
/**
* @Fields data : 成员位置定义集合,存储所有的商品项对象
*/
static ArrayList<GoodsItem> data = new ArrayList<GoodsItem>( );

public static void main(String[ ] args) {
    //为集合准备数据
    initData( );

    //打印欢迎语句
    System. out. println("欢迎使用超市管理系统!");

    //使用死循环完成反复操作的逻辑
    //for(;;) { }
    while(true) {
        //使用 switch 给出操作选择:1 输入购买数量、2 打印小票、3 退出
        //提示信息
        System. out. println("请输入您要进行的操作: 1 输入购买数量    2 打印
小票    3 退出");

        //通过键盘录入得到数据
        Scanner sc = new Scanner(System. in);
        int optNumber = sc. nextInt( );
        //完成 switch 中三个 case 的逻辑
        switch (optNumber) {
        case 1:
            System. out. println("给所有数据量赋值");
            break;
        case 2:
            //调用打印购物小票的方法
            System. out. println("打印购物小票");
            break;
        case 3:
            System. out. println("欢迎下次光临");
            //退出程序
            System. exit(0);
        default:
            System. out. println("请输入正确的数字!");
            break;
```

```
            }
        }
    }

    /**
    *  @Title: initData
    *  @Description: 定义方法,向成员位置的集合赋值
    */
    public static void initData( ) {
        //创建多个商品项对象
        GoodsItem sls = new GoodsItem("少林寺核桃", "090115", 15. 5, 0, "个", 0);
        GoodsItem shk = new GoodsItem("尚康饼干", "090027", 14. 5, 0, "个", 0);
        //将多个商品项对象放入集合中
        data. add(sls);
        data. add(shk);
    }
}
```

10. 6　超市购物小票为商品项赋值数量与金额

超市购物小票定义方法为所有的数据赋值数量和金额。

文件 10-4　超市购物小票类 ShoppingReceipt

```
package com. igeek_04;
import java. util. ArrayList;
import java. util. Scanner;
import com. igeek_01. GoodsItem;
public class ShoppingReceipt {

    /**
    *  @Fields data : 成员位置定义集合,存储所有的商品项对象
    */
    static ArrayList<GoodsItem> data = new ArrayList<GoodsItem>( );
    public static void main(String[ ] args) {
        //为集合准备数据
        initData( );

        //打印欢迎语句
        System. out. println("欢迎使用超市管理系统!");
```

```
        //使用死循环完成反复操作的逻辑
        //for(;;) { }
        while(true) {
            //使用 switch 给出操作选择:1 输入购买数量、2 打印小票、3 退出
            //提示信息
            System. out. println("请输入您要进行的操作: 1 输入购买数量    2 打印
小票    3 退出");

            //通过键盘录入得到数据
            Scanner sc = new Scanner(System. in);
            int optNumber = sc. nextInt( );
            //完成 switch 中三个 case 的逻辑
            switch (optNumber) {
            case 1:
                //System. out. println("给所有数据量赋值");
                //调用给所有数据的数量与金额赋值方法
                enterNumber( );

                break;
            case 2:
                //调用打印购物小票的方法
                System. out. println("打印购物小票");
                break;
            case 3:
                System. out. println("欢迎下次光临");
                //退出程序
                System. exit(0);
            default:
                System. out. println("请输入正确的数字!");
                break;
            }
        }
    }

    /**
    *  @Title: initData
    *  @Description: 定义方法,向成员位置的集合赋值
    */
```

```
    public static void initData( ) {
        //创建多个商品项对象
        GoodsItem sls = new GoodsItem("少林寺核桃", "090115", 15. 5, 0, "个", 0);
        GoodsItem shk = new GoodsItem("尚康饼干", "090027", 14. 5, 0, "个", 0);
        //将多个商品项对象放入集合中
        data. add(sls);
        data. add(shk);
    }

    /**
    * @Title: enterNumber
    * @Description: 为所有的数据赋值数量与金额
    */
    public static void enterNumber( ) {

        //集合的遍历
        for (int i = 0; i<data. size( ); i++) {
            //依次获取到集合中每一个元素
            GoodsItem thisGoods = data. get(i);

            //提示用户,输入该商品项的数量
            //获取该商品项名称
            String thisGoodsName = thisGoods. getName( );
            System. out. println("请输入"+thisGoodsName+"的购买数量");

            //键盘录入接受商品数量
            Scanner sc = new Scanner(System. in);
            int thisGoodsNumber = sc. nextInt( );
            //根据数量计算金额金额 = 单价*数量
            double thisGoodsMoney = thisGoods. getPrice( ) *thisGoodsNumber;

            //为该商品的数量与金额赋值
            thisGoods. setNumber(thisGoodsNumber);
            thisGoods. setMoney(thisGoodsMoney);
        }
    }
}
```

10.7 超市购物小票打印小票

定义打印超市购物小票方法，代码如下。

文件 10-5 超市购物小票类 ShoppingReceipt

```
package com. igeek_05;
import java. util. ArrayList;
import java. util. Scanner;
import com. igeek_01. GoodsItem;
public class ShoppingReceipt {

    /**
    * @Fields data : 成员位置定义集合,存储所有的商品项对象
    */
    static ArrayList<GoodsItem> data=new ArrayList<GoodsItem>( );

    public static void main(String[ ] args) {
        //为集合准备数据
        initData( );

        //打印欢迎语句
        System. out. println("欢迎使用超市管理系统!");

        //使用死循环完成反复操作的逻辑
        //for(;;) { }
        while(true) {
            //使用 switch 给出操作选择:1 输入购买数量、2 打印小票、3 退出
            //提示信息
            System. out. println("请输入您要进行的操作: 1 输入购买数量    2 打印
小票    3 退出");

            //通过键盘录入得到数据
            Scanner sc=new Scanner(System. in);
            int optNumber=sc. nextInt( );
            //完成 switch 中三个 case 的逻辑
            switch (optNumber) {
            case 1:
                //System. out. println("给所有数据量赋值");
```

```
                //调用给所有数据的数量与金额赋值方法
                enterNumber( );

                break;
            case 2:
                //System. out. println("打印购物小票");
                //调用打印购物小票的方法
                printReceipt( );

                break;
            case 3:
                System. out. println("欢迎下次光临");
                //退出程序
                System. exit(0);
            default:
                System. out. println("请输入正确的数字!");
                break;
            }
        }
    }

    /**
    * @Title: initData
    * @Description: 定义方法,向成员位置的集合赋值
    */
    public static void initData( ) {
        //创建多个商品项对象
        GoodsItem sls = new GoodsItem("少林寺核桃", "090115", 15. 5, 0, "个", 0);
        GoodsItem shk = new GoodsItem("尚康饼干", "090027", 14. 5, 0, "个", 0);
        //将多个商品项对象放入集合中
        data. add(sls);
        data. add(shk);
    }

    /**
    * @Title: enterNumber
    * @Description: 为所有的数据赋值数量与金额
    */
```

```
public static void enterNumber( ) {

    //集合的遍历
    for (int i=0; i<data. size( ); i++) {
        //依次获取到集合中每一个元素
        GoodsItem thisGoods=data. get(i);

        //提示用户,输入该商品项的数量
        //获取该商品项名称
        String thisGoodsName=thisGoods. getName( );
        System. out. println("请输入"+thisGoodsName+"的购买数量");

        //键盘录入接受商品数量
        Scanner sc=new Scanner(System. in);
        int thisGoodsNumber=sc. nextInt( );
        //根据数量计算金额金额=单价*数量
        double thisGoodsMoney=thisGoods. getPrice( )*thisGoodsNumber;

        //为该商品的数量与金额赋值
        thisGoods. setNumber(thisGoodsNumber);
        thisGoods. setMoney(thisGoodsMoney);
    }
}

/**
*  @Title: printReceipt
*  @Description: 打印小票方法
*/
private static void printReceipt( ) {
    //static ArrayList<GoodsItem> data=new ArrayList<GoodsItem>( );
    //票头
    System. out. println("        欢迎光临");
    System. out. println("品名\t 售价\t 数量\t 单位\t 金额");
    System. out. println("--------------------------------------");
    //票体
    //定义变量,记录所有的商品数量
    int totalNumber=0;
    //定义变量,记录所有的商品金额
```

```
            double totalMoney=0;
            //遍历集合
            for (int i=0; i<data. size( ); i++) {
                //依次获取每一个商品项
                GoodsItem g=data. get(i);
                //打印商品项
        System. out. println (g. getName ( ) + g. getId ( ) +" \t" + g. getPrice ( ) +" \t" +
g. getNumber( )+" "+g. getUnit( )+"\t"+g. getMoney( ));

                //累加数量与金额
                totalNumber +=g. getNumber( );
                totalMoney +=g. getMoney( );
            }
            System. out. println("-------------------------------------");
            //票脚
            System. out. println("共"+data. size( )+"项商品");
            System. out. println("共"+totalNumber+"件商品");
            System. out. println("共"+totalMoney+"元");
            System. out. println( );
        }
    }
```

程序运行结果如下。

```
ShoppingReceipt [Java Application] C:\MyEclpise\binary\com.sun.java.j
欢迎使用超市管理系统!
请输入您要进行的操作:1输入购买数量 2打印小票 3退出


1
请输入少林寺核桃的购买数量
3
请输入尚康饼干的购买数量
4
请输入您要进行的操作:1输入购买数量 2打印小票 3退出
2
  欢迎光临
品名      售价     数量     单位     金额
----------------------------------------
少林寺核桃090115 15.5     3个      46.5
尚康饼干090027   14.5     4个      58.0
----------------------------------------
共2项商品
共7件商品
共104.5元

请输入您要进行的操作:1输入购买数量 2打印小票 3退出
```

本章小结

本章主要讲解了超市购物小票案例，首先讲解了超市购物小票需求及所用到的知识点，其次介绍了商品项类的定义，再次讲解了小票数据的初始化、实现购物小票的主干逻辑，最后讲解了编码实现商品数量和金额赋值并完成打印的功能。通过本章的学习，读者应该掌握字符串的输入、变量定义、运算符的使用。重点掌握集合的使用、流程控制语句的使用及方法的封装功能。

第 11 章

输入/输出技术

学习目标

1.【应用】I/O 流概述

(1)【了解】能够阐述 I/O 流的作用。

(2)【应用】能够独立完成利用 File 类创建以及删除文件和文件夹。

(3)【应用】能够理解并用代码测试 File 类的相关方法。

2.【应用】字符流和缓冲流的使用

(1)【应用】能够独立使用 FileReader 读取数据，一次读取一个字符。

(2)【应用】能够写出利用 FileReader 和 FileWriter 完成文本文件复制的两种方式。

(3)【应用】能够使用缓冲流 BufferedReader 和 BufferedWriter 完成文本文件复制。

3.【应用】字节流和缓冲流的使用

(1)【应用】能够独立使用 FileOutputStream。

(2)【应用】能够写出利用 FileOutputStream 和 FileInputStream 完成文本文件复制。

(3)【应用】能够使用缓冲流和字节流配合使用。

11.1 I/O 流概述

11.1.1 I/O 流概述及分类

I/O(输入/输出)处理是程序设计里非常重要的环节，I/O 流用来处理设备之间的数据传输。Java 把从键盘输入、从文件读取以及向文件中写等都抽象为流。Java 对数据的操作是通过流的方式，Java 用于操作流的类都在 IO 包(java. io. *)中，流按流向分为两种：输入流和输出流。另外，Java 定义了字节流和字符流，字节流以字节(byte)作为基本单位，字符流以 Unicode 编码表的字符作为基本处理单位。

11.1.2 File 类的概念

File 类是文件或文件夹的抽象表示，File 的一个对象就代表一个文件或文件夹路径，但是我们可以通过路径找到对应的文件或文件夹。File 类可以完成对文件和目录的管理操作，如创建和删除等，首先我们了解一下 File 类的基本使用。

11. 1. 3 相对路径与绝对路径

相对路径：从某个参照路径开始到指定文件所经过的路径。

绝对路径：从盘符开始到文件的路径。

在 Eclipse 中，所有的文件如果想使用相对路径，则其参照路径均为项目根目录，在 Java 当中对于路径的分隔符可以使用/或者\\，它们是通用的。

11. 1. 4 File 类中的构造方法

public File(String parent, String child)：parent 指的是父级目录，child 指的是子级目录。

public File(File parent, String child)：parent 为 File 类型，为了使用 File 类中的方法。

下面的文件 11-1 FileMethodDemo 中，File 类的方法中，构造方法需要直接给于路径(绝对路径，相对路径)，从数据结构角度讲，路径分为“父亲”(该文件或文件夹所在的文件夹)与“孩子”(该文件或文件夹自已的名字)。在 Eclipse 中，所有的文件如果想使用相对路径，则其参照路径均为项目根目录，所以在程序执行的时候需要在工程文件夹下创建 a，目录 a 下创建目录 b，在目录 b 中创建文件 test. txt。

文件 11-1 FileMethodDemo. java

```
package com. igeek;

import java. io. File;

public class FileMethodDemo {
    public static void main(String[ ] args) {

        //通过“父亲”与“孩子”的构造方法创建 a 文件夹下的 b 文件夹对应的文件对象
        File dir = new File("a", "b");
        System. out. println(dir. exists( ));

        //通过“父亲”与“孩子”的构造方法创建 test. txt 对应的文件对象
        File file = new File("a/b", "test. txt");
        System. out. println(file. length( ));

    }
}
```

运行结果如下。其中，第一行结果判断了该目录是否存在，第二行结果显示改文件的长度。

```
true
3
```

11.1.5　File 类的获取方法

public String getAbsolutePath()：获取绝对路径。

public String getPath()：获取路径(用什么方式创建的对象，就返回什么方式的路径(绝对路径/相对路径))。

public String getName()：获取文件/文件夹的名称。

public String getParent()：返回所在文件夹路径(根据创建对象时是否为绝对路径/相对路径)。

下文中的文件 11-2 FileMethodDemo，需要将工程文件默认目录设置成 d 盘的 javaadvanced1_workspace，工程文件名为 javaadvanced1_d05_c04，或者在 d 盘相应位置创建相关文件夹以及文件。当然也可以把程序的绝对路径修改为执行程序所在的工程文件路径。

文件 11-2　FileMethodDemo. java

```java
package com.igeek;

import java.io.File;

public class FileMethodDemo {
    public static void main(String[] args) {
        //创建文件对象
        File file = new File("a/b/test.txt");
        File file2 = new File("D:/javaadvanced1_workspace/javaadvanced1_d05_c04/a/b/test.txt");
        File dir = new File("a/b");

        //获取绝对路径
        System.out.println(file.getAbsolutePath());
        System.out.println(file2.getAbsolutePath());
        System.out.println("==============================");

        //获取路径
```

```
        System. out. println(file. getPath( ));
        System. out. println(file2. getPath( ));
        System. out. println("=============================");

        //获取文件/文件夹的名称
        System. out. println(file. getName( ));
        System. out. println(dir. getName( ));
        System. out. println("=============================");

        //返回所在文件夹路径
        System. out. println(file. getParent( ));
        System. out. println(file2. getParent( ));
        System. out. println(dir. getParent( ));

    }
}
```

运行结果如下。其中，绝对路径，获取路径，获取文件/文件夹的名称以及返回所在文件夹路径的结果。

```
C:\Users\Administrator.USER-20190107SU\Workspaces\MyEclipse\ding\a\b\test.txt
D:\javaadvanced1_workspace\javaadvanced1_d05_c04\a\b\test.txt
=============================
a\b\test.txt
D:\javaadvanced1_workspace\javaadvanced1_d05_c04\a\b\test.txt
=============================
test.txt
b
=============================
a\b
D:\javaadvanced1_workspace\javaadvanced1_d05_c04\a\b
a
```

11.1.6 File 类的创建与删除方法

public boolean delete( )：删除文件。

public boolean createNewFile( ) throws IOException：创建文件。

在创建文件时，如果文件所在的文件夹不存在，则报错系统找不到指定的路径。创建文件时，必须确保文件夹已经存在。

public boolean mkdir( )：使用 mkdir 方法创建文件夹时，必须保证其所在文件夹已经存在，否则创建失败(不会报错)。

public boolean mkdirs( )：一次性创建多级目录。

public boolean delete( )：删除文件夹，文件夹不能为非空(有东西)，否则删除失败。

下例中，实现了使用文件类的方法中的创建与删除功能，需要注意的是要确定相应目录中所在文件夹以及文件已创建。

文件 11-3　FileMethodDemo. java

```
package com. igeek;

import java. io. File;
import java. io. IOException;

public class FileMethodDemo {
    public static void main(String[ ] args) throws IOException {
        File file=new File("a/b/test. txt");
        //必须保证工程文件默认目录中,a 文件夹下 b 文件夹存在
        //删除文件
        System. out. println(file. getPath( )+"的删除结果: "+file. delete( ));

        //创建文件
        System. out. println(file. getPath( )+"的创建结果: "+file. createNewFile( ));

        //在创建文件时,如果文件所在的文件夹不存在,则报错系统找不到指定的路
径。创建文件时,必须确保文件夹已经存在
        System. out. println("================================");

        //创建文件夹
        File dir=new File("c/d");

        //必须保证其所在文件夹已经存在,否则创建失败(不会报错)
        System. out. println(dir. mkdir( ));
        //一次性创建多级目录
        System. out. println(dir. mkdirs( ));

        File dir2=new File("e1/e2");
        //一次性创建多级目录
        System. out. println(dir2. mkdirs( ));
        System. out. println("================================");

        //删除文件夹
```

```
        System. out. println(dir2. delete( ));

        //删除文件夹,文件夹不能为非空(有东西),否则删除失败
        File dir3 = new File("a/b");
        System. out. println(dir3. delete( ));


    }
}
```

运行结果如下。返回的结果中默认路径中没有 c 文件夹，所以出现了 false，也就是创建失败。在实际应用当中也需要注意路径以及文件夹和文件是否正确。

```
a\b\test.txt的创建结果:true
a\b\test.txt的删除结果:true
============================
false
true
true
============================
true
true
```

11.2 字符输入流和字符输出流

Java 语言中，字节流不能直接处理存储为 16 位 Unicode 的字符(因为每个字符使用两个字节)，所以引入了字符流，字符流类都派生自抽象类 Wirter 和 Reader，可以用于不同情况的输入和输出，下面就对这些类进行详细描述。

OutputStreamWriter 类和 InputStreamReader 类是由 Wirter 和 Reader 派生的子类，用于字符流和字节流之间的转换，InputStreamReader 从输入流中读取字节数据，并按照编码方式转换成字符数据。OutputStreamWriter 则将字符数据转字节数据，再写入到输出流。

11.2.1 FileWriter 类

FileWriter 类是 InputStreamReader 类的子类，使用字符方式创建文件输出流。FileWriter 类常用方法如表 11-1 所示。

表 11-1 FileWriter 类常用方法一览表

方法	方法说明
FileWriter(String fileName)	构建 FileWriter 对象
FileWriter(File file)	构建 FileWriter 对象
void write(String str)	写一个字符串数据
void write(String str, int index, int len)	写一个字符串中的一部分数据

续表

方法	方法说明
void write(int ch)	写一个字符数据，这里写 int 类型的好处是既可以写 char 类型的数据，也可以写 char 对应的 int 类型的值，如‘a’，97
void write(char[ ] chs)	写一个字符数组数据
void write(char[ ] chs，int index，int len)	写一个字符数组的一部分数据
void flush( )	将内存中的数据刷新到文件中
void close( )	关闭流，释放系统底层资源

11.2.2　利用 FileWriter 向文本添加数据

首先创建了一个文件输出流的对象，通过对象实现向文件追加写入。最后关闭输出流，释放资源。

文件 11-4　FileWriterDemo4.java

```
package com.igeek;

import java.io.FileWriter;
import java.io.IOException;

public class FileWriterDemo4 {
    public static void main(String[ ] args) throws IOException {
        //创建输出流对象
        FileWriter fw=new FileWriter("c.txt",true); //表示追加写入,默认是 false

        for(int x=0; x<10; x++) {
            fw.write("hello"+x);
            fw.write("\r\n");
        }

        //释放资源
        fw.close( );
    }
}
```

运行结果如下。结果就是上面程序从 0 到 9 循环之后向文件追加的内容，其中包含了回车和换行。

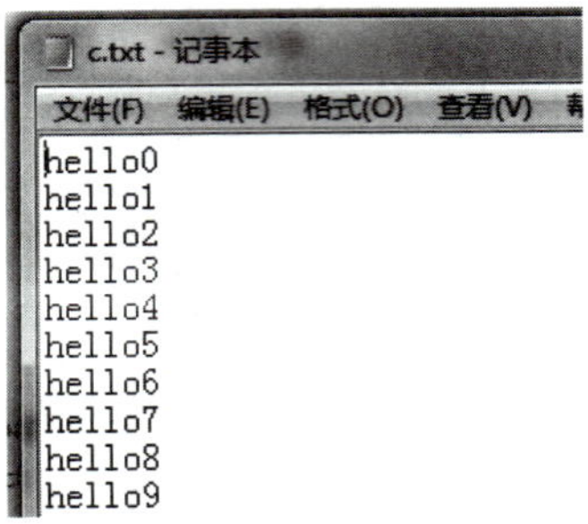

11.2.3 FileReader 类

1. FileReader 从文件中读数据

FileReader 类是 InputStreamReader 类的子类，使用字符方式创建文件输入流。FileReader 类常用方法如表 11-2 所示。

表 11-2 FileReader 类常用方法一览表

方法	方法说明
FileReader(String fileName)	构建 FileReader 对象
FileReader (File file)	构建 FileReader 对象
int read()	读取单个字符
int read(char[] cbuf)	读取字符，并将字符读入数组
void close()	关闭流，释放系统底层资源

11.2.4 利用 FileReader 读取文件中的数据

下例中，字符输入流对象读取数据，并将数据显示出来。

文件 11-5 FileReaderDemo.java

```
package com.igeek;

import java.io.FileReader;
import java.io.IOException;

public class FileReaderDemo {
    public static void main(String[] args) throws IOException {
        //创建输入流对象
        FileReader fr = new FileReader("FileWriterDemo.java");

        //调用输入流对象的读数据方法
        int ch;
```

```
        while((ch = fr. read( ))! = - 1) {
            System. out. print ((char)ch);
        }

        //释放资源
        fr. close( );
    }
}
```

运行结果如下。执行结果就是上面例子中相应文件的内容。

```
<terminated> FileReaderDemo [Java Application] C:\Users\Administrator.USER-20190107SU\A
package com.igreek_11.task12;
import java.io.FileWriter;
import java.io.IOException;
```

FileReader 读数据一次读取一个字符数组的数组，具体代码可以参考下述代码。

```
//调用输入流对象的读数据方法
char[ ] chs = newchar[5];
int len;
while((len = fr. read(chs))! = - 1){
    System. out. print (new String(chs,0,len));
```

11.2.5　缓冲流

BufferedWriter 和 BufferedReader 是字符方式的缓冲流。前者是输出缓存，后者是输入缓存，使用缓冲流可以避免频繁的在设备中读写信息，从而配合 FileWriter 类和 FileReader 类使用以提高读写效率。

BufferedWriter：将文本写入字符输出流，缓冲各个字符，从而提供单个字符、数组和字符串的高效写入。

BufferedReader：从字符输入流中读取文本，缓冲各个字符，从而实现字符、数组和行的高效读取。

其使用方法可以参考以下代码。

```
    //创建输入缓冲流对象
    BufferedReader br = new BufferedReader(new FileReader("FileWriterDemo. java"));

    //一次读写一个字符数组
    char[ ] chs = new char[1024];
    int len;
    while((len = br. read(chs))! = - 1) {
        System. out. print (new String(chs, 0, len));
    }
```

11.3 字节输入流与字节输出流

11.3.1 FileOutputStream 类

FileOutputStream 类是 OutputStream 类派生的子类，用于处理简单文件写入操作。默认情况下，如果指定的文件不存在，就会创建一个新文件，如果文件已经存在就会清除原有内容。FileOutputStream 类常用方法如表 11-3 所示。

表 11-3 FileOutputStream 类常用方法一览表

方法	方法说明
FileOutputStream(String name)	构建 FileOutputStream 对象
FileOutputStream (File file)	构建 FileOutputStream 对象
FileOutputStream (String name, boolean append)	构建 FileOutputStream 对象，append 为 true 代表每次写入都向文件末尾追加，为 false 则每次都是覆盖写入
write(int n)	输出一个字节
write(byte[ ] b)	输出一个字节数组
write(byte[ ] b, int off, int len)	输出字节数组的一部分
void close( )	关闭流，释放系统底层资源

下例中使用了字节输出流，向 test. txt 文件输出一个 ASCII 码为 97 的字，即小写字母 a。

文件 11-6 OutputStreamDemo. java

```
package com. igeek;

import java. io. FileOutputStream;
import java. io. IOException;

public class OutputStreamDemo {
    public static void main(String[ ] args) throws IOException {
        //创建 IO 流对象,绑定 IO 资源
        FileOutputStream fos = new FileOutputStream("test. txt");

        fos. write(97);

        //关闭资源
        fos. close( );
    }
}
```

运行结果如下。在相应文件中结果是小写字母 a，可以修改程序的数字 97，看看运行结果有什么不同。

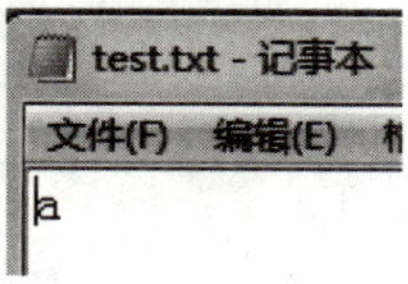

11.3.2　FileInputStream 类

FileInputStream 类是 InputStream 类派生的子类，用于处理简单文件输入(即读取)操作。默认情况下，如果指定的文件不存在，会抛出 FileNotFoundException 异常，该异常必须被捕获或声明抛出。FileInputStream 类常用方法如表 11-4 所示。

表 11-4　FileInputStream 类常用方法一览表

方法	方法说明
FileInputStream (String name)	构建 FileInputStream 对象
FileInputStream (File file)	构建 FileInputStream 对象
int read( )	读取一个字节，返回的是字节内容本身，读取到末尾返回-1
int read(byte[ ] b)	读取一个字节数组
void close( )	关闭流，释放系统底层资源

下面的例子就是利用字节输入流，反复循环读取文件的内容，直到读取结束为止。

文件 11-7　InputStreamDemo. java

```
package com. igeek;

import java. io. FileInputStream;
import java. io. IOException;

public class InputStreamDemo {
    public static void main(String[ ] args) throws IOException {
        //创建 IO 流对象,绑定 IO 资源
        FileInputStream fis = new FileInputStream("test. txt");

        //读取数据
        //使用循环反复读取文件中的内容,直到读取结束为止
        int c = - 1;
```

```
            while((c=fis.read())!=-1) {
                System.out.println(c);
            }
            //关闭 IO 流对象
            fis.close();
        }
    }
```

运行结果如下。文件的内容是小写字母 abc，程序的显示结果就是 abc 的相应的 ASCII 码。

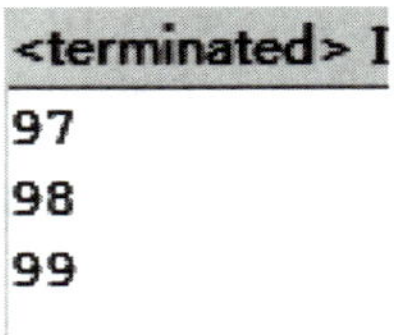

11.3.3 文件复制

下面的例子利用字节流将当前工程下的“ASCII 码表完整版.doc”复制到当前工程下的“ASCII 码表完整版(副本).doc”，也就是字节输入/输出流的一个综合应用。

操作步骤如下。

(1) 利用字节输入流关联“ASCII 码表完整版.doc”文件。

(2) 利用字节输出流关联“ASCII 码表完整版(副本).doc”文件。

(3) 循环从“ASCII 码表完整版.doc”读一个字节，然后将这个字节写入到“ASCII 码表完整版(副本).doc”，直到读到“ASCII 码表完整版.doc”的末尾。

文件 11-8 CopyFileDemo.java

```
package com.igeek;

import java.io.FileInputStream;
import java.io.FileOutputStream;
import java.io.IOException;

public class CopyFileDemo {
    public static void main(String[] args) throws IOException {
        //使用一次一个字节的方式完成复制
        //创建 IO 流对象,绑定 IO 资源
        FileInputStream fis=new FileInputStream("ASCII 码表完整版.doc");
        FileOutputStream fos=new FileOutputStream("ASCII 码表完整版(副本).doc");
```

```
            //读取数据,读一个字节,写一个字节
            //先读
            //定义变量 c,用于存储每次读取到的字节
            int c=-1;
            while((c=fis.read())!=-1) {
                fos.write(c);
            }

            //关闭流
            fos.close();
            fis.close();

        }
}
```

运行结果如下。程序成功地复制了 doc 文件的内容。

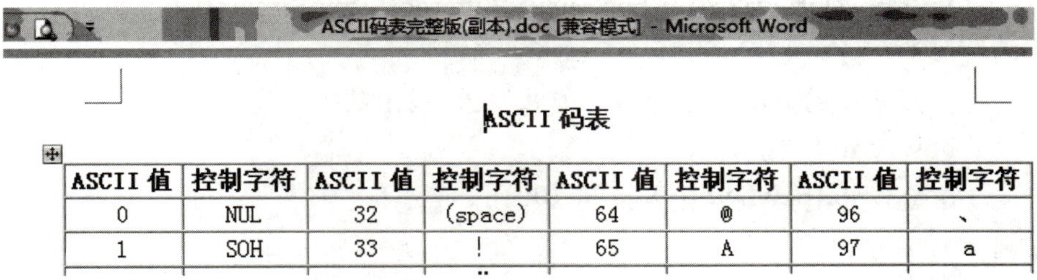
ASCII码表完整版(副本).doc [兼容模式] - Microsoft Word

ASCII 码表

ASCII 值	控制字符	ASCII 值	控制字符	ASCII 值	控制字符	ASCII 值	控制字符
0	NUL	32	(space)	64	@	96	、
1	SOH	33	!	65	A	97	a

也可以使用字节数组复制文件，部分实现的核心代码如下。

```
//读取数据, 读一个字节数组, 写一个字节数组
        //定义字节数组, 用于存储每次读取到的数据
        byte[] bytes=new byte[1024];
        //定义变量, 用于记录每次读取到数据的长度
        int len=-1;
        //先读
        while((len=fis.read(bytes))!=-1) {
            //后写
            fos.write(bytes, 0, len);
        }
```

11.3.4　缓冲流——高效流

Java 在常规 I/O 流的基础上，提供了更为高效的缓冲流，如高效字节缓冲流：BufferedInputStream/BufferedOutputStream。

下面例子是字节流和缓冲流的综合应用。

文件 11-9　BufferedStreamDemo. java

```
package com. igeek;

import java. io. BufferedOutputStream;
import java. io. FileNotFoundException;
import java. io. FileOutputStream;
import java. io. IOException;

public class BufferedStreamDemo {
    public static void main(String[ ] args) throws IOException {
        //以高效字节输出流为例
        //创建普通流对象
        FileOutputStream fos = new FileOutputStream("test. txt");
        //通过普通流对象创建高效流对象,这个过程加入了缓冲区
        BufferedOutputStream bos = new BufferedOutputStream(fos);

        //高效流的方法与普通流的方法一致,写出数据
        bos. write(97);
        bos. write(newbyte[]{98, 99, 100});

        //刷新数据
        bos. flush( );

        //关闭流,关闭高效流即可,高效流会关闭普通流
        bos. close( );
    }
}
```

运行结果如下。在工程文件目录下指定文件中得到了 97、98、99、100 在 ASCII 码中对应的字母，也就是 abcd。

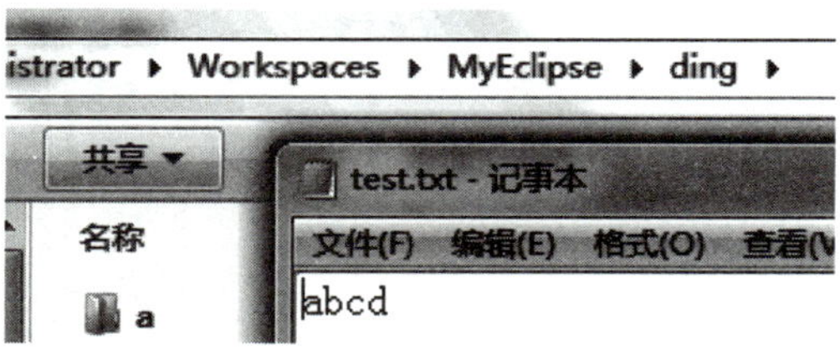

本章小结

本章主要讲解了 I/O 流的概述和 File 类的使用方法，重点描述了字符流和字节流的输入和输出，以及对应的缓冲流。首先讲解了 I/O 流的基本知识，其次介绍了 File 类的创建、删除、判断等操作，最后通过案例重点讲解了字符流和字节流。通过本章的学习，读者应该熟悉字符流和字节流的应用，重点掌握通过缓冲流配合字符流以及字节流的应用。

习　题

一、选择题

1. 下列哪项是 Java 语言中所定义的字节流？(　　)

A. Output　　B. Reader

C. Writer　　D. InputStream

2. 在输入流的 read 方法返回哪个值的时候表示读取结束？(　　)

A. 0　　B. 1

C. -1　　D. null

3. 为了从文本文件中逐行读取内容，应该使用哪个处理流对象？(　　)

A. BufferedReader　　B. BufferedWriter

C. BufferedInputStream　　D. BufferedOutputStream

4. 为了实现自定义对象的序列化，该自定义对象必须实现哪个接口？(　　)

A. Volatile　　B. Serializable

C. Runnable　　D. Transient

5. 以下关于 File 类的叙述，哪两项正确？(选两项)(　　)

A. File 类位于 java. io 包中

B. 创建一个 File 类的实例将导致打开指定文件进行读写

C. File 实例不能用于封装目录

D. File 实例封装了指定文件的信息

6. 删除 File 实例所对应文件的方法是(　　)。

A. mkdir　　B. exists

C. delete　　D. isHidden

7. 现有代码：

```
String s="write a line to a file";
w.print(s+"\n");
```

下列选项中正确的是(　　)。

A. w 既可以是 PrintWriter 类型，也可以是 BufferedWriter 类型

B. w 既不可以是 PrintWriter 类型，也不可以是 BufferedWriter 类型

C. w 可以是 BufferedWriter 类型，但不可以是 PrintWriter 类型

D. w 可以是 PrintWriter 类型，但不可以是 BufferedWriter 类型

二、程序题

1. 编写一个程序，读取源代码文件的内容并在控制台输出。如果源文件不存在，则显示相应的错误信息。

2. 分别用程序实现复制文本文件的下列 5 种方式：

(1) 利用基本流一次读写一个字符；

(2) 利用基本流一次读写一个字符数组；

(3) 利用缓冲流一次读写一个字符；

(4) 利用缓冲流一次读写一个字符数组；

(5) 利用缓冲流的特有方法一次读写一个字符串。

其中，复制文本文件(5 种方式)的数据源为：FileWriterDemo. java，目的地为：Copy. java。

第 12 章

线程技术

学习目标

1.【应用】多线程概述

(1)【理解】能够理解线程与进程的概念。

(2)【理解】能够理解多线程提高运行效率原因。

2.【应用】多线程实现

(1)【理解】能够阐述 Java 是否支持多线程，以及它如何在多个线程上执行。

(2)【应用】能够独立写出线程的两种创建方式。

(3)【理解】能够理解用匿名内部类创建线程的代码。

(4)【应用】能够独立写出多线程卖票的案例。

3.【应用】线程池与线程生命周期

【理解】能够阐述线程四个基本状态。

12.1 多线程概述

12.1.1 线程与进程概念

进程是指正在运行的程序。确切地来说，当一个程序进入内存运行，即是一个或多个进程在运行，具有一定独立功能。线程是进程中的一个执行单元，负责当前进程中程序的执行，一个进程中至少有一个线程。一个进程中是可以有多个线程的，这个应用程序也可以称为多线程程序。

简而言之：一个程序运行后至少有一个进程，一个进程中可以包含多个线程。

12.1.2 多线程提高运行效率

多线程原理：由图 12-1 多线程原理图可知，同一时刻，CPU(这里指一个核心的 CPU 或者单指 CPU 的一个核心)只能执行一个线程。多线程并不能提高运行速度，但可以提高运行效率，让 CPU 的使用率更高。由于多个线程之间 CPU 切换速度极快，用户无法通过肉眼区分是否在切换，看上去多个线程在同一时刻执行，但实际上同一时刻只执行一个线程。

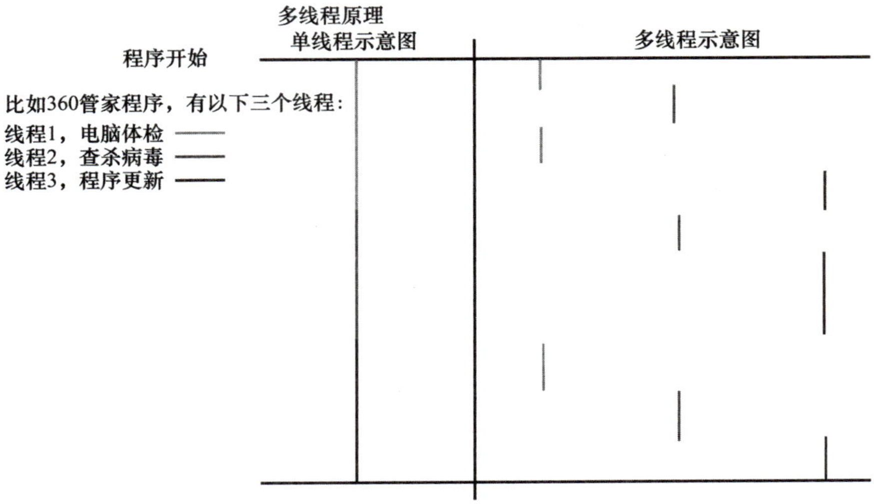

图 12-1　多线程原理图

但从开发角度说多线程同时执行就等于互相抢夺 CPU，并且，如果多线程有安全问题的处理时，运算速度反而更低。

12.2 多线程实现

12.2.1 创建线程

通过 API 搜索可知，Thread 类是程序中的执行线程。Java 虚拟机允许应用程序并发地运行多个执行线程。

Thread 类的一些方法如下。

(1) public final String getName()：获取线程名称。

(2) public final void setName(String name)：指定线程名称。

(3) public static Thread currentThread()：获取当前线程对象。

12.2.2 继承 Thread 类创建线程

创建线程的方法一是将类声明为 Thread 的子类，该子类重写 Thread 类的 run 方法。创建对象，开启线程。

开启线程的步骤如下。

（1）指定线程执行目标：定义一个 Thread 类的子类，重写 run 方法，将相关逻辑实现。

（2）创建自定义的线程子类对象。

（3）调用 start 方法开启线程动作。

文件 12-1 中使用 Thread 类创建线程，首先 MyThread 类定义了一个 Thread 的子类，其中 run 方法是实现一个循环的输出操作。文件 12-2 中，测试主类 ThreadDemo 首先实例化 MyThread 类的两个线程对象，通过 start 方法开启线程，然后定义一个 mainThread 线程对象 main 线程，主类线程的 run 方法同样实现循环执行一个输出的操作。

文件 12-1　MyThread. java

```
package com. igeek;

//定义了一个 Thread 类的子类线程
public class MyThread extends Thread{

    public void run( ) {
        for(int i=0; i<50; i++){
            //System. out. println("MyThread: "+i);
            System. out. println(this. getName( )+": "+i);
        }
    }
}
```

文件 12-2　ThreadDemo. java

```
package com. igeek;

public class ThreadDemo {
    public static void main(String[ ] args) {

        //开启线程
        //创建线程对象
        MyThread thread=new MyThread( );
        MyThread thread2=new MyThread( );

        //开启线程动作
        thread. start( );
        thread2. start( );

        //返回 main 线程
```

```
            Thread mainThread = Thread. currentThread( );

            for(int i = 0; i<50; i++){
                //System. out. println("main: "+i);
                System. out. println(mainThread. getName( )+": "+i);
            }
        }
    }
```

运行结果如下。可以运行多次查看多线程执行的效果。

```
<terminated> ThreadDemo (1) [Java App
Thread-0:0
Thread-0:1
Thread-0:2
Thread-0:3
Thread-0:4
main:0
Thread-1:0
Thread-1:1
Thread-1:2
main:1
Thread-0:5
Thread-0:6
```

12.2.3 实现 Runnable 接口创建线程

创建线程的另一种方法是声明实现 Runnable 接口的类，重写 run 方法。然后实例化 Runnable 的实现类对象，传入某个线程的构造方法中，开启线程。

其操作步骤如下。

(1) 指定线程执行目标：定义 Runnable 线程执行目标实现类，重写 run 方法，指定目标逻辑。

(2) 通过指定线程执行目标的构造方法创建线程对象，其格式为：

public Thread(Runnable target)

(3) 开启线程动作（start 开启线程）。

文件 12-3 是通过实现 Runnable 接口创建线程。首先定义了一个 MyRunnable 类实现 Runnable 接口，和上一个例子一样，这个类的 run 方法也是实现了一个循环的输出操作。文件 12-4 中主类 ThreadDemo2 类，通过 MyRunnable 创建线程执行目标，也就是创建了一个对象，通过指定线程执行目标的构造方法创建线程对象，而且设置了线程的名字。其他操作和前面例子一样，创建一个 main 线程。方法 run 实现循环的输出操作。

文件 12-3　MyRunnable. java

```
package com.igeek;

//定义了线程执行目标实现类
public class MyRunnable implements Runnable{

    public void run( ) {

        //返回当前线程
        Thread thisThread = Thread.currentThread( );

        for(int i=0; i<50; i++){
            //System.out.println("线程名称: "+i);
            System.out.println(thisThread.getName( )+": "+i);
        }
    }
}
```

文件 12-4　ThreadDemo2. java

```
package com.igeek;
public class ThreadDemo2 {
    public static void main(String[ ] args) {

        //开启线程
        //创建线程执行目标
        MyRunnable mr = new MyRunnable( );
        //通过指定线程执行目标的构造方法创建线程对象
        Thread thread = new Thread(mr);
        thread.setName("Jack");
        Thread thread2 = new Thread(mr);
        thread2.setName("Rose");

        //开启线程动作
        thread.start( );
        thread2.start( );

        //返回 main 线程
        Thread mainThread = Thread.currentThread( );
```

```
            for(int i=0; i<50; i++){
                //System. out. println("main: "+i);
                System. out. println(mainThread. getName( )+": "+i);
            }
        }
    }
```

运行结果如下。本例子的结果和上一个例子类似，显示的具体线程名字变成了 Jack 和 Rose，以及 main 线程，冒号后面同样是线程执行的次数。这两个例子实际执行的时候结果可能和图中的略有差别，即便是同一台机器执行多次的结果也可能会不同，因为多线程任务每次执行的时候都是需要 CPU 切换线程执行顺序，但具体的顺序每次都不会完全一样。

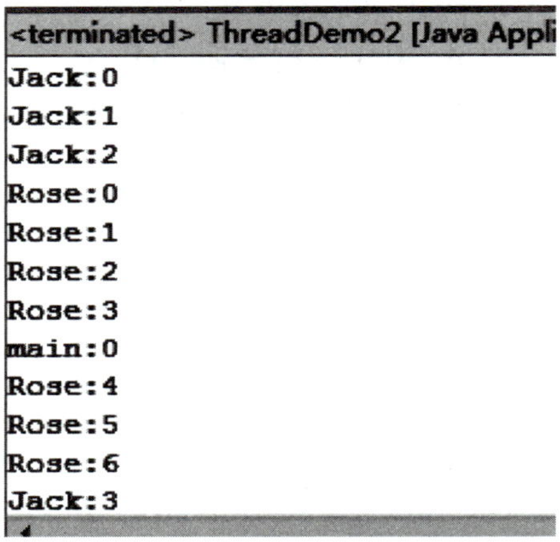

12.2.4　两种实现方式对比

继承 Thread 类，线程对象和线程任务耦合在一起。一旦创建 Thread 类的子类对象，既是线程对象，又有线程任务。

实现 Runnable 接口，将线程任务单独分离出来封装成对象，类型就是 Runnable 接口类型。Runnable 接口对线程对象和线程任务进行解耦。这种方式实现 Runnable 接口避免了单继承的局限性，所以较为常用。实现 Runnable 接口的方式，更加地符合面向对象，线程分为两部分，一部分是线程对象，另一部分是线程任务。

12.3　多线程卖票案例

火车站有多个售票窗口，这些售票窗口一块卖 100 张票，即 100 张票被多个窗口共享。

本例用线程技术模拟售票窗口，线程任务用输出语句模拟卖出的票。

文件 12-5 Ticket. java

```
package com. igeek;

public class Ticket implements Runnable{

    //在成员变量位置将票定义为数字 100
    Private int number=100;

    Public void run( ) {
        //车站不停地在卖票
        while(true){
            //有票就买票
            if(number>0){
                System. out. println(Thread. currentThread(). getName()+"正在销售
第"+(number- - )+"张票");
            }else{
                //没有票,就跳出循环,不再卖票
                break;
            }
        }
    }
}
```

文件 12-6 TicketDemo. java

```
package com. igeek;

public class TicketDemo {
    public static void main(String[ ] args) {
        //创建卖票的线程执行目标对象
        Ticket ticket=new Ticket( );

        //使用该卖票线程执行目标对象创建多个线程
        Thread thread=new Thread(ticket, "Jack");
        Thread thread2=new Thread(ticket, "Rose");
        Thread thread3=new Thread(ticket, "Trump");

        //开启多个线程
        thread. start( );
```

```
            thread2. start( );
            thread3. start( );
        }
    }
```

运行结果如下。读者可以看到 Jack、Trump、Rose 分别在销售相应的票，票数 number 定义为 private，因为是单机操作，没有同一个销售员在销售同一张票的情况。

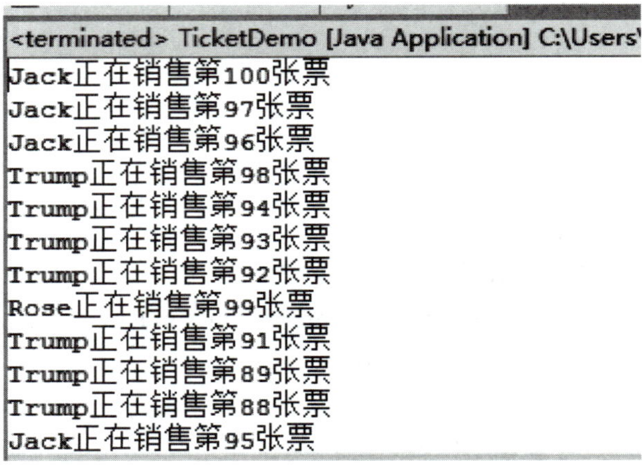

```
<terminated> TicketDemo [Java Application] C:\Users\
Jack正在销售第100张票
Jack正在销售第97张票
Jack正在销售第96张票
Trump正在销售第98张票
Trump正在销售第94张票
Trump正在销售第93张票
Trump正在销售第92张票
Rose正在销售第99张票
Trump正在销售第91张票
Trump正在销售第89张票
Trump正在销售第88张票
Jack正在销售第95张票
```

12.4　知识拓展：线程生命周期和线程池

12.4.1　线程生命周期

线程是操作系统能够进行运算调度的最小单位，在 Java 中的线程其实就是对操作系统中的线程进行了封装。Java 的线程生命周期有六种状态，如图 12-2 所示。

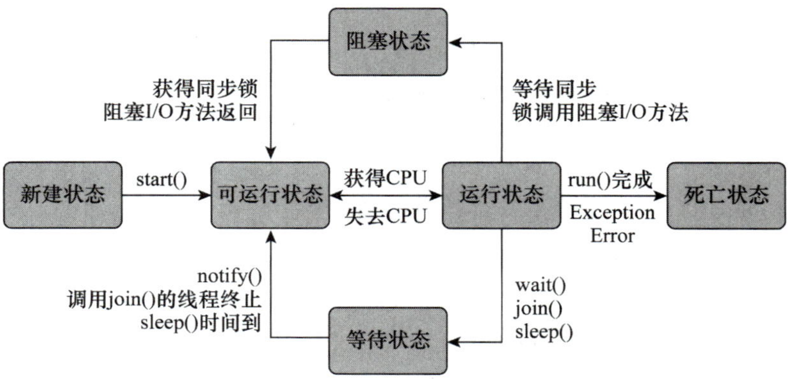

图 12-2　线程生命周期

12.4.2　线程池

线程池，其实就是一个容纳多个线程的容器，其中的线程可以反复使用，省去了频繁创建线程对象的操作，无须反复创建线程而消耗过多资源，如图 12-3 所示。

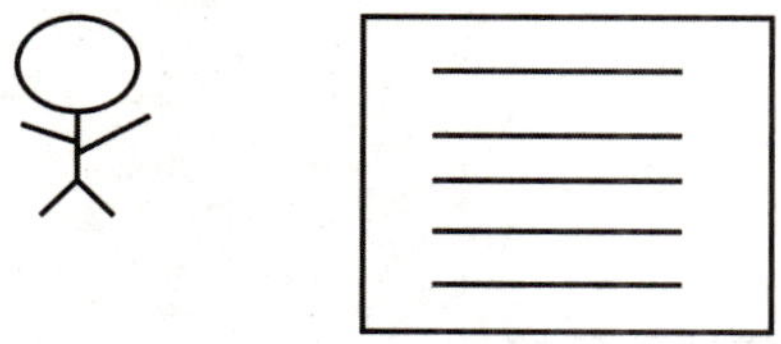

图 12-3　线程池

在 Java 中，如果每个请求到达就创建一个新线程，开销是相当大的。在实际使用中，创建和销毁线程花费的时间和消耗的系统资源都相当大，甚至可能要比在处理实际的用户请求的时间和资源要多的多。除了创建和销毁线程的开销之外，活动的线程也需要消耗系统资源。如果在一个 JVM 里创建太多的线程，可能会使系统由于过度消耗内存或“切换过度”而导致系统资源不足。为了防止资源不足，需要采取一些办法来限制任何给定时刻处理的请求数目，尽可能减少创建和销毁线程的次数，特别是一些资源耗费比较大的线程的创建和销毁，尽量利用已有对象来进行服务。

线程池主要用来解决线程生命周期开销问题和资源不足问题。通过对多个任务重复使用线程，线程创建的开销就被分摊到了多个任务上了，而且由于在请求到达时线程已经存在，所以消除了线程创建所带来的延迟。这样，就可以立即为请求服务，使用应用程序响应更快。另外，通过适当的调整线程中的线程数目可以防止出现资源不足的情况。

本章小结

本章主要讲解了线程、进程、多线程的基本概念以及多线程的实现方式。首先讲解了 Java 多线程的基本知识，其次介绍了如何通过继承 Thread 类创建线程，讲解了实现 Runnable 接口创建线程，最后通过案例描述了一个多线程的买票实例。通过对本章的学习，读者应该熟悉多线程的实现方法，重点掌握通过 Thread 类创建线程和实现 Runnable 接口创建线程的方法。

习　题

一、选择题

1. 关于 sleep( ) 和 wait( )，以下描述错误的一项是(　　)。

   A. sleep 是线程类(Thread)的方法，wait 是 Object 类的方法

   B. sleep 不释放对象锁，wait 放弃对象锁

C. sleep 暂停线程，但监控状态仍然保持，结束后会自动恢复

D. wait 后进入等待锁定池，只有针对此对象发出 notify 方法后获得对象锁进入运行状态

2. 以下哪个方法用于定义线程的执行体？（　　）

A. start( )

B. init( )

C. run( )

D. main( )

E. synchronized( )

3. 关于线程设计，下列描述正确的是(　　)。

A. 线程对象必须实现 Runnable 接口

B. 启动一个线程直接调用线程对象的 run( )方法

C. Java 提供对多线程同步提供语言级的支持

D. 一个线程可以包含多个进程

4. 下面能让线程停止执行的有(多选)(　　)。

A. sleep( );

B. stop( );

C. notify( );

D. synchronized( );

E. yield( );

F. wait( );

G. notifyAll( );

二、简答题

1. Thread 类中的 start( ) 和 run( ) 方法有什么区别？

2. 线程和进程有什么区别？

三、程序题

编写一个程序启动 3 个线程：

线程 1，打印 1 2 3 4 5；

线程 2，打印 6 7 8 9 10；

线程 3，打印 11 12 13 14 15。

依次循环输出到 75。

提示思路：使用一个可见变量，做累加让其他线程都能知道。

第 13 章 JDBC

学习目标

1.【理解】JDBC 的概述及入门案例

(1)【应用】阐述 JDBC 连接数据库的原理。

(2)【应用】独立完成 JDBC 入门案例的准备工作。

(3)【应用】独立完成 JDBC 入门案例。

2.【应用】JDBC 的 API 详解

(1)【应用】阐述注册驱动代码的原理及注意事项。

(2)【应用】独立编写代码获得连接，获得语句执行者对象、结果集对象。

(3)【应用】独立编写代码 JDBC 资源的释放。

3.【应用】JDBC 的 API 详解

(1)【应用】独立编写 JDBC 工具类。

(2)【应用】独立编写代码使用 JDBC 工具类完成增、删、改、查的操作。

4.【应用】JDBC 的 API 详解

(1)【应用】独立编写代码演示 SQL 注入的问题。

(2)【应用】独立编写代码使用预处理对象完成数据的增、删、改、查操作。

(3)【应用】独立代码使用预处理对象解决 SQL 注入问题。

13.1 JDBC 的概述及入门案例

13.1.1 JDBC 概述和原理

13.1.1.1 JDBC 概述

JDBC(Java DataBase Connectivity，Java 数据库连接)是一种用于执行 SQL 语句的 Java API。JDBC 是 Java 访问数据库的标准规范，可以为不同的关系型数据库提供统一的访问途径，它由一组用 Java 语言编写的接口和类组成。

JDBC 连接需要驱动，驱动是两个设备通信时需要满足的通信数据格式，格式由设备提供商规定。

本书使用的数据库是 MySQL，驱动版本是 mysql-connector-java-5.1.37-bin.jar。

13.1.1.2 JDBC 原理

读者可以从图 13-1 看出，应用程序通过 JDBC 访问数据库，JDBC 提供了访问数据库的规范，每个数据库厂商提供自身数据库产品的驱动，用来连接数据库，也就是说数据库驱动一般都由数据库生成厂商提供。

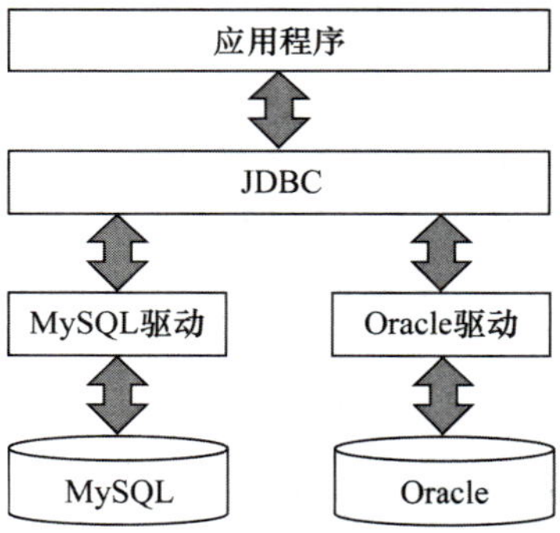

图 13-1 JDBC 框架结构图

13.1.2 JDBC 入门案例

13.1.2.1 准备数据

在 MySQL 中创建一个名为 mydb 的数据库，在此创建分类表 category，创建语句如下所示。

```
#创建数据库
create database mydb;
#使用数据库
use mydb;
###创建分类表
```

```
create table category(
  cid int PRIMARY KEY AUTO_INCREMENT   ,
  cname varchar(100)
);
#初始化数据
insert into category (cname) values(' 家电' );
insert into category (cname) values(' 服饰' );
insert into category (cname) values(' 化妆品' );
```

13. 1. 2. 2　导入驱动 jar 包

如图 13-2 所示，首先创建 lib 目录，用于存放当前项目需要的所有 jar 包，然后选择 mysql 的 jar 包，点击鼠标右键执行 Build Path→Add to Build Path。

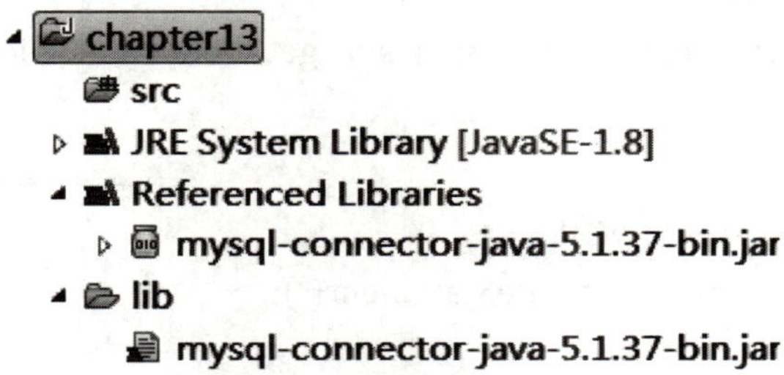

图 13-2　导入驱动 jar 包的步骤

13. 1. 2. 3　案例实现

JDBC 程序访问数据库通常有 6 个步骤：第一步，注册驱动；第二步，获取连接；第三步，获取语句执行对象；第四步，执行 SQL 语句；第五步，处理结果集；第六步，释放资源。

文件 13-1　JdbcDemo. java

```
package com. igeek_01;

import java. sql. Connection;
import java. sql. DriverManager;
import java. sql. ResultSet;
import java. sql. Statement;
import org. junit. Test;

public class JdbcDemo {

    /**
    * @Title: demo01
```

```
    * @Description: 了解 JDBC 开发步骤
    * @throws Exception
    */
    @Test
    public void demo01( ) throws Exception{
        // 查询所有的分类信息
        // 注意:使用 JDBC 规范,采用都是 java. sql 包下的内容

        //1 注册驱动
        Class. forName("com. mysql. jdbc. Driver");

        //2 获得连接
         Connection conn = DriverManager. getConnection ("jdbc: mysql: //localhost:
3306/mydb", "root", "");

        //3 获得语句执行对象
        Statement st = conn. createStatement( );

        //4 执行 SQL 语句
        ResultSet rs = st. executeQuery("select * from category");

        //5 处理结果集
        while(rs. next( )){
            // 获得一行数据
            Integer cid = rs. getInt("cid");
            String cname = rs. getString("cname");

            System. out. println(cid+" , "+cname);
        }
        //6 释放资源
        rs. close( );
        st. close( );
        conn. close( );
    }
}
```

程序运行结果如下。

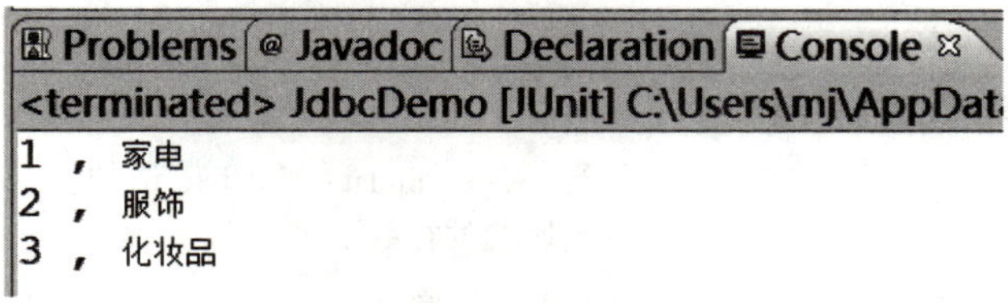

13.2 JDBC 的 API 详解

13.2.1 注册驱动

JDBC 程序访问数据库的第一步就是注册驱动，代码如下所示。

```
Class.forName("com.mysql.jdbc.Driver");
```

JDBC 规范定义驱动接口是 java.sql.Driver，MySQL 驱动包提供了实现类 com.mysql.jdbc.Driver，读者开发时使用 Class.forName() 加载一个使用字符串描述的驱动类。

13.2.2 获取连接

JDBC 程序访问数据库的第二步就是建立连接，代码如下所示。

```
Connection conn=DriverManager.getConnection
    ("jdbc:mysql://localhost:3306/mydb","root","");
```

获取连接需要调用方法 DriverManager.getConnection(url, user, password)，其中参数 url 表示连接数据库使用的协议、数据库服务器的位置和数据库的端口号，参数 user 表示数据库登录用户名，password 表示数据库登录密码。这三个参数 url 相对比较复杂，下面介绍一下 MySQL 数据库的 url 参数配置："jdbc:mysql://localhost:3306/mydb"，JDBC 规定 url 的格式由三部分组成，每个部分用冒号分隔。第一部分内容是 jdbc，这是固定协议；第二部分内容是数据库名称，本书采用的是 mysql 数据库，所以第二部分内容是 mysql；第三部分的内容是由数据库厂商规定的，读者需要了解每个数据库厂商的要求，mysql 的第三部分内容分别由数据库服务器的 IP 地址(localhost)、端口号(3306)，以及 DataBase 名称(mydb)组成。

13.2.3 获取语句执行对象

JDBC 程序访问数据库的第三步就是获取语句执行对象，代码如下所示。

```
String sql="SQL 语句";
Statement stmt=con.createStatement(); //获取 Statement 语句执行对象:
```

上述代码中的 con 是数据库连接对象，通过 con 连接对象调用 createStatement()方法就可以获得 SQL 语句的执行对象 stmt，然后通过 Statement 对象就可以调用方法执行 SQL 语句。

执行 SQL 语句的方法如表 13-1 所示。

表 13-1 执行 SQL 语句方法

方法	方法说明
int executeUpdate(String sql)	执行 insert、update 和 delete 语句，返回值类型为整型，表示受影响的行数
ResultSet executeQuery(String sql)	执行 select 语句，返回 ResultSet 结果集对象(查询结果)
boolean execute(String sql)	执行 select 返回 true，执行其他的语句返回 false

上述方法中，一般推荐前两种方法执行 SQL 语句。

13.2.4 结果集对象

结果集 ResultSet 实际上就是一张二维表，我们可以调用 next( )方法指向结果集的某行记录。如果结果集不为空，当第一次调用 next( )方法时，游标指向第一行记录的位置，next( )方法返回 true 值，这时就可以使用 ResultSet 提供的 getXXX(int col)方法(与索引从 0 开始不同，列从 1 开始)来获取指定列的数据，或调用 rs. getXxx(String)，通过字段名称获得记录指定列的值，其代码如下。

```
rs.next( );//指向某一行记录
rs.getInt(1);//获取第一行第一列的数据
```

获取指定列数据的常用方法如下。

(1) Object getObject(int index) / Object getObject(String name)：获得任意对象。

(2) String getString(int index) / Object getString (String name)：获得字符串。

(3) int getInt(int index) / Object getInt (String name)：获得整型。

(4) double getDouble(int index) / Object getDouble (String name)：获得双精度浮点型。

读者需要根据数据库表字段的数据类型选择对应的方法获取指定列的数据值。

13.2.5 释放资源

与 I/O 流一样，数据库资源使用后都需要关闭。关闭的顺序是先得到的后关闭，后得到的先关闭，其代码如下。

```
rs.close( );
stmt.close( );
con.close( );
```

13.3 JDBC 工具类

13.3.1 JDBC 工具类

JDBC 访问数据库的操作过程中“获得数据库连接”这一操作，将在后续的增、删、改、查操作中频繁出现，可以我们可以把这项操作封装为一个工具类 JDBCUtils。由该类统一提供获取连接对象的方法，从而达到代码的重复利用。

自定义的 JDBC 连接工具类 JDBCUtils ，通常包含以下四步。

（1）创建私有的属性(连接数据库必要的四个变量)：driver、url、user、password。

（2）将注册驱动写入静态代码块。

（3）外界只能通过调用静态方法 getConnection( )获取数据库连接。

（4）资源关闭。

文件 13-2 JDBCUtils. java

```
package com. igeek_03;

import java. sql. Connection;
import java. sql. DriverManager;
import java. sql. ResultSet;
import java. sql. SQLException;
import java. sql. Statement;

public class JDBCUtils {
    private static String driver = "com.mysql.jdbc.Driver";
    private static String url = "jdbc:mysql://localhost:3306/mydb";
    private static String user = "root";
    private static String password = "";

    static{
        try {
            //注册驱动
            Class. forName(driver);
        } catch (Exception e) {
            thrownew RuntimeException(e);
        }
    }

    /**
    * @Title: getConnection
    * @Description: 获得连接
    * @return
    * @throws SQLException
    */
    public static Connection getConnection( ) throws SQLException{
```

```
        //获得连接
        Connection conn = DriverManager. getConnection(url, user, password);
        returnconn;
    }

    /**
    * @Title: closeResource
    * @Description: 释放资源
    * @param conn
    * @param st
    * @param rs
    */
    public static void closeResource(Connection conn, Statement st, ResultSet rs){

        if(rs! = null){
            try {
                rs. close( );
            } catch (SQLException e) {
            }
        }

        if(st! = null){
            try {
                st. close( );
            } catch (SQLException e) {
            }
        }

        if(conn! = null){
            try {
                conn. close( );
            } catch (SQLException e) {
            }
        }
    }
}
```

13. 3. 2 JDBC 增、删、改、查操作

使用上一节定义的工具类 JDBCUtils，测试一下 JDBC 的新增、删除、修改和查询操作。

文件 13-3 CRUDDemo. java

```
package com. igeek_03;

import java. sql. Connection;
import java. sql. ResultSet;
import java. sql. Statement;

import org. junit. Test;

public class CRUDDemo {
    /**
    *  @Title: demo00
    *  @Description: 获得连接
    * /
    @Test
    public void demo00( ){
        //模板

        Connection conn=null;
        Statement st=null;
        ResultSet rs=null;

        try {
            //1 获得连接
            conn=JDBCUtils. getConnection( );

        } catch (Exception e) {
            thrownew RuntimeException(e);
        } finally{
            //释放资源
            JDBCUtils. closeResource(conn, st, rs);
        }

    }
```

```
/**
* @Title: demo01
* @Description: 新增操作
*/
@Test
public void demo01( ){
    //添加

    Connection conn = null;
    Statement st = null;
    ResultSet rs = null;

    try {
        //1 获得连接
        conn = JDBCUtils. getConnection( );

        //操作
        //1) 获得语句执行者
        st = conn. createStatement( );
        //2) 执行 sql 语句
        int r = st. executeUpdate("insert into category(cname) values(' 测试' )");

        //3) 处理结果
        System. out. println(r);

    } catch (Exception e) {
        throw new RuntimeException(e);
    } finally{
        //释放资源
        JDBCUtils. closeResource(conn, st, rs);
    }
}

/**
* @Title: demo02
* @Description: 修改操作
```

```
*/
@Test
public void demo02( ){
    //修改
    Connection conn = null;
    Statement st = null;
    ResultSet rs = null;

    try {
        conn = JDBCUtils. getConnection( );

        st = conn. createStatement( );
        intr = st. executeUpdate("update category set cname = ' 测试 2'  where cid = 4");
        System. out. println(r);

    } catch (Exception e) {
        thrownew RuntimeException(e);
    } finally{
        JDBCUtils. closeResource(conn, st, rs);
    }
}

/**
*  @Title: demo03
*  @Description: 删除操作
*/
@Test
public void demo03( ){
    //删除
    Connection conn = null;
    Statement st = null;
    ResultSet rs = null;

    try {
        conn = JDBCUtils. getConnection( );

        //操作
```

```
            st = conn. createStatement( );
            intr = st. executeUpdate("delete from category where cid = 4");
            System. out. println(r);

        } catch (Exception e) {
            thrownew RuntimeException(e);
        } finally{
            JDBCUtils. closeResource(conn, st, rs);
        }
    }

    /**
    * @Title: demo04
    * @Description: 根据 id 查询详情
    */
    @Test
    public void demo04( ){
        //通过 id 查询详情
        Connection conn = null;
        Statement st = null;
        ResultSet rs = null;

        try {
            conn = JDBCUtils. getConnection( );

            //操作
            st = conn. createStatement( );
            rs = st. executeQuery("select*from category where cid = 1");

            if(rs. next( )){
                String cid = rs. getString("cid");
                String cname = rs. getString("cname");
                System. out. println(cid+" @ "+cname );
            } else {
                System. out. println("没有数据");
            }
```

```
        } catch (Exception e) {
            thrownew RuntimeException(e);
        } finally{
            JDBCUtils. closeResource(conn, st, rs);
        }
    }

    /**
    *  @Title: demo05
    *  @Description: 查询所有数据
    */
    @Test
    public void demo05( ){
        //查询所有
        Connection conn = null;
        Statement st = null;
        ResultSet rs = null;

        try {
            conn = JDBCUtils. getConnection( );

            //操作
            st = conn. createStatement( );
            rs = st. executeQuery("select * from category");

            while(rs. next( )){
                String cid = rs. getString("cid");
                String cname = rs. getString("cname");
                System. out. println(cid + " @  " + cname );
            }

        } catch (Exception e) {
            thrownew RuntimeException(e);
        } finally{
            JDBCUtils. closeResource(conn, st, rs);
        }
    }
}
```

程序运行结果如下。

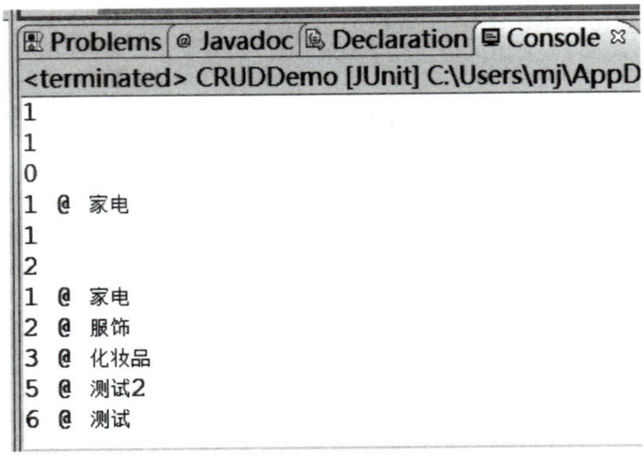

13.4 JDBC 预处理对象

13.4.1 SQL 注入问题

13.4.1.1 SQL 注入概述

SQL 注入：用户输入的内容作为了 SQL 语句语法的一部分，改变了原有 SQL 真正的意义。例如用户登录操作涉及的 SQL 语句如下：

```
SELECT*FROM 用户表 WHERE NAME=用户输入的用户名 AND PASSWORD=用户输的密码;
```

此时，当用户输入正确的账号与密码后，验证通过则顺利登录。但当用户输入的账号为 XXX、密码为：'XXX' OR 'a'='a'时，则真正执行的代码变为：

```
SELECT*FROM 用户表 WHERE NAME='XXX' AND PASSWORD=' XXX' OR'a'='a';
```

此时，用户无须知道密码，输入的内容作为 SQL 语法的一部分，验证通过，用户可以成功登录，显然这不是我们希望看到结果，这便是 SQL 注入问题。为此，我们使用 PreparedStatement 来解决这个的问题。

13.4.1.2 准备工作

在 mydb 数据库中创建 user 表，SQL 语句如下所示。

```
use mydb;
#创建一个表
CREATE TABLE USER(
  id VARCHAR(32) PRIMARY KEY auto_increment,
  username VARCHAR(50),
  PASSWORD VARCHAR(32)
);
INSERT INTO USER(username,PASSWORD) VALUES(' jack' ,' 1234' );
INSERT INTO USER(username,PASSWORD) VALUES(' rose' ,' 1234' );
```

13.4.1.3 JDBC 预处理对象

使用 SQL 注入，模拟实现用户登录的情形。

文件 13-4 PrepareDemo1. java

```
package com. igeek_04;

import java. sql. Connection;
import java. sql. ResultSet;
import java. sql. Statement;
import org. junit. Test;

public class PrepareDemo1 {

    /**
     * @Title: demo01
     * @Description: 模拟用户登录
     */
    @Test
    public void demo01( ){
        //#模拟用户登录
        String username="jack";
        String password="1234";

        Connection conn=null;
        Statement st=null;
        ResultSet rs=null;
        try {
            conn=JDBCUtils. getConnection( );

            st=conn. createStatement( );
            rs=st. executeQuery("select*from user where username=' "+username+"
' and password=' "+password+"' ");

            if(rs. next( )){
                System. out. println("用户登录");
            } else {
                System. out. println("不能登录");
```

```
            }

        } catch (Exception e) {
            thrownew RuntimeException(e);
        } finally{
            JDBCUtils. closeResource(conn, st, rs);
        }

    }

    /**
    *  @Title: demo02
    *  @Description: 模拟用户不能登录
    */
    @Test
    public void demo02( ){
        //#演示 SQL 注入
        String username = "jack";
        String password = "12345";

        Connection conn = null;
        Statement st = null;
        ResultSet rs = null;
        try {
            conn = JDBCUtils. getConnection( );

            st = conn. createStatement( );
            String sql = "select * from user where username = ' "+username+"'  and
password = ' "+password+"' ";
            System. out. println(sql);
            rs = st. executeQuery(sql);

            if(rs. next( )){
                System. out. println("用户登录");
            } else {
                System. out. println("不能登录");
            }
```

```
        } catch (Exception e) {
            thrownew RuntimeException(e);
        } finally{
            JDBCUtils. closeResource(conn, st, rs);
        }
    }
}
```

程序运行结果如下。

```
Problems | @ Javadoc | Declaration | Console ⊠ | Progress
<terminated> PrepareDemo1 [JUnit] C:\Users\mj\AppData\Local\Genuitec\Common\bin
用户登录
select * from user where username='jack' and password='12345'
不能登录
```

13. 4. 2 JDBC 预处理对象——API 详解

JDBC 预处理对象 PreparedStatement 接口继承 Statement 接口，它处理的 SQL 语句中包含占位符“?”。如 String sql = " select * from user where username = ? and password = ?"；这些占位符的值必须在语句执行前通过 setXXX 方法进行赋值。

JDBC 程序使用 PreparedStatement 访问数据库通常有以下 3 个步骤。

(1) 获取 PreparedStatement 预处理对象。

PreparedStatement psmt = conn. prepareStatement(sql) ;

(2) 为 SQL 语句中的占位符设置实际参数值。

void setXxx(int index，Xxx xx)//将指定参数设置指定类型的值

参数 1：index，实际参数序列号，从 1 开始。

参数 2：Xxx，实际参数值，Xxx 表示具体的数据类型。

例如：psmt. setString(2，"1234")表示把 SQL 语句中第 2 个占位符？替换成"1234"。

(3) 执行 SQL 语句。

同 Statement 接口的处理方法类似，如 executeUpdate( )，executeQuery( )。

13. 4. 3 JDBC 预处理对象——增、删、改、查

使用 PreparedStatement 对象完成数据库表的增加、删除、修改和查询操作。

文件 13-5 PrepareDemo2. java

```
package com. igeek_04;

import java. sql. Connection;
import java. sql. PreparedStatement;
import java. sql. ResultSet;
import org. junit. Test;
```

```
public class PrepareDemo2 {

    /**
    * @Title: demo01
    * @Description: 新增操作
    */
    @Test
    public void demo01( ){
        //添加:向分类表中添加数据
        Connection conn = null;
        PreparedStatement psmt = null;
        ResultSet rs = null;

        try {
            //1 获得连接
            conn = JDBCUtils. getConnection( );
            //2 处理 sql 语句
            String sql = "insert into category(cname) values(?)";
            //3 获得预处理对象
            psmt = conn. prepareStatement(sql);
            //4 设置实际参数
            psmt. setString(1,"预处理");
            //5 执行
            intr = psmt. executeUpdate( );

            System. out. println(r);

        } catch (Exception e) {
            thrownew RuntimeException(e);
        } finally{
            //6 释放资源
            JDBCUtils. closeResource(conn, psmt, rs);
        }
    }

    /**
    * @Title: demo02
    * @Description: 修改操作
```

```
*/
@Test
public void demo02( ){
    //修改
    Connection conn = null;
    PreparedStatement psmt = null;
    ResultSet rs = null;

    try {
        conn = JDBCUtils. getConnection( );

        //1 sql 语句
        String sql = "update category set cname = ? where cid = ?";
        //2 获得预处理对象
        psmt = conn. prepareStatement(sql);
        //3 设置实际参数
        psmt. setString(1, "测试数据");
        psmt. setInt(2, 4);
        //4 执行
        intr = psmt. executeUpdate( );
        System. out. println(r);

    } catch (Exception e) {
        thrownew RuntimeException(e);
    } finally{
        JDBCUtils. closeResource(conn, psmt, rs);
    }

}

/**
* @Title: demo03
* @Description: 删除操作
*/
@Test
public void demo03( ){
    //删除
    Connection conn = null;
```

```
        PreparedStatement psmt = null;
        ResultSet rs = null;

        try {
            conn = JDBCUtils. getConnection( );

            //1 sql 语句
            String sql = "delete from category where cid = ?";
            //2 获得预处理对象
            psmt = conn. prepareStatement(sql);
            //3 设置实际参数
            psmt. setInt(1, 5);
            //4 执行
            intr = psmt. executeUpdate( );
            System. out. println(r);

        } catch (Exception e) {
            thrownew RuntimeException(e);
        } finally{
            JDBCUtils. closeResource(conn, psmt, rs);
        }
    }

    /**
    * @Title: demo04
    * @Description: 查询所有数据
    */
    @Test
    public void demo04( ){
        //查询所有
        Connection conn = null;
        PreparedStatement psmt = null;
        ResultSet rs = null;

        try {
            conn = JDBCUtils. getConnection( );

            String sql = "select * from category";
```

```
            psmt = conn. prepareStatement(sql);
            rs = psmt. executeQuery( );
            while(rs. next( )){
                String cname = rs. getString("cname");
                System. out. println(cname);
            }

        } catch (Exception e) {
            thrownew RuntimeException(e);
        } finally{
            JDBCUtils. closeResource(conn, psmt, rs);
        }
    }

    /**
    * @Title: demo05
    * @Description: 根据 id 查询详情
    */
    @Test
    public void demo05( ){
        //通过 id 查询
        Connection conn = null;
        PreparedStatement psmt = null;
        ResultSet rs = null;

        try {
            conn = JDBCUtils. getConnection( );

            String sql = "select * from category where cid = ?";
            psmt = conn. prepareStatement(sql);
            psmt. setInt(1, 2);
            rs = psmt. executeQuery( );
            if(rs. next( )){
                System. out. println("查询到指定记录");
            } else {
                System. out. println("该记录不存在");
            }
```

```
            } catch (Exception e) {
                thrownew RuntimeException(e);
            } finally{
                JDBCUtils. closeResource(conn, psmt, rs);
            }
        }
}
```

程序运行结果如下。

13. 4. 4 JDBC 预处理对象——解决 SQL 注入

接下来大家一起来看一个案例，使用 PreparedStatement 对象解决 SQL 注入问题。

文件 13-6 PrepareDemo3. java

```
package com. igeek_04;

import java. sql. Connection;
import java. sql. PreparedStatement;
import java. sql. ResultSet;
import org. junit. Test;

public class PrepareDemo3 {

/**
    * @Title: demo02
    * @Description: 模拟用户登录
    */
    @Test
    public void demo02( ){
        //#解决 SQL 注入
        String username = "jack";
```

```
        String password = "1234";

        Connection conn = null;
        PreparedStatement psmt = null;
        ResultSet rs = null;
        try {
            conn = JDBCUtils. getConnection( );

            //1 准备 SQL 语句
            String sql = "select *from user where username = ? and password = ?";
            //2 获得预处理对象
            psmt = conn. prepareStatement(sql);
            //3 设置实际参数
            psmt. setString(1, username);
            psmt. setString(2, password);
            //4 执行 SQL 语句，注意：没有实际参数
            rs = psmt. executeQuery( );

            if(rs. next( )){
                System. out. println("用户登录");
            } else {
                System. out. println("用户登录失败");
            }

        } catch (Exception e) {
            thrownew RuntimeException(e);
        } finally{
            JDBCUtils. closeResource(conn, psmt, rs);
        }
    }
}
```

程序运行结果如下。

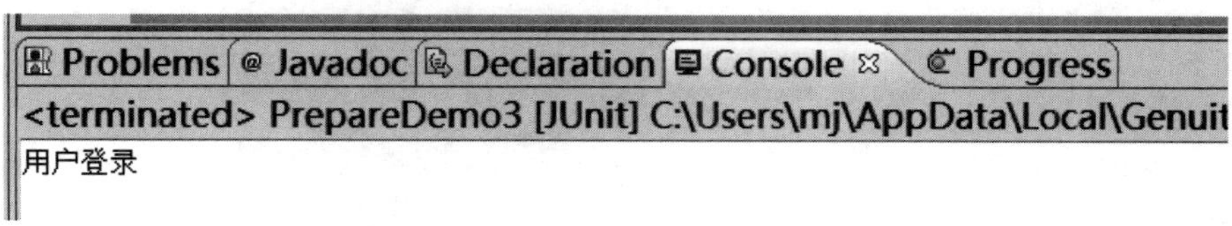

本章小结

本章主要讲解了 JDBC 的概念和原理、JDBC 的开发步骤、JDBC 的 API、JDBC 的工具类和预处理对象。通过本章的学习，读者应该掌握 JDBC 连接数据库的原理，能够独立编写代码获得连接，获得语句执行者对象、结果集对象，重点掌握编写代码使用 JDBC 工具类完成增、删、改、查的操作。

习　题

一、填空题

1. JDBC 的基本层次结构由________、________、________、________和数据库五部分组成。

2. 根据访问数据库的技术不同，JDBC 驱动程序相应地分为________、________、________和________四种类型。

3. JDBC API 所包含的接口和类非常多，都定义在________包和________包中。

4. 使用________方法加载和注册驱动程序后，由________类负责管理并跟踪 JDBC 驱动程序，在数据库和相应驱动程序之间建立连接。

5. ________接口负责建立与指定数据库的连接。

6. ________接口的对象可以代表一个预编译的 SQL 语句，它是________接口的子接口。

7. ________接口表示从数据库中返回的结果集。

第 14 章

JDBC 连接池 &DBUtils 工具类

学习目标

1.【理解】数据库连接池

(1)【理解】阐述数据库连接池的原理。

(2)【了解】常见的数据库连接池。

2.【理解】C3P0 连接池

(1)【理解】阐述 C3P0 连接池的来源。

(2)【应用】编写代码使用 C3P0 实现获取连接操作。

(3)【应用】定义 C3P0 配置文件实现获取连接功能。

(4)【应用】定义工具类实现获取 Connection 连接的功能。

3.【应用】DBUtils 工具

(1)【了解】DBUtils 数据库操作工具。

(2)【理解】QueryRunner 核心类常用方法。

(3)【理解】ResultSetHandler 接口及其实现类的使用方法。

4.【应用】QueryRunner 实现增、删、改、查操作

(1)【理解】独立编写代码使用 QueryRunner 核心类完成增、删、改、查操作。

(2)【应用】独立编写代码实现使用 BeanHandler 方式封装数据。

(3)【理解】独立编写代码实现使用 BeanListHandler 方式封装数据。

(4)【应用】独立编写代码实现使用 ScalarHandler 方式封装数据。

(5)【应用】独立编写代码实现使用 MapHandler 方式封装数据。

(6)【应用】独立编写代码实现使用 MapListHandler 方式封装数据。

(7)【应用】独立编写代码实现使用 ArrayHandler 方式封装数据。

(8)【应用】独立编写代码实现使用 ArrayListHandler 方式封装数据。

(9)【应用】独立编写代码实现使用 KeyedHandler 方式封装数据。

(10)【应用】独立编写代码实现使用 ColumnListHandler 方式封装数据。

上一章介绍的 Java 应用程序利用 JDBC API 访问数据库的过程大致是：装载数据库驱动程序，通过 JDBC 建立数据库连接、访问数据库并执行 SQL 语句和断开数据库连接，其中建立数据库连接和断开数据库连接是非常消耗系统资源的两个过程，所以在实际开发过程中，开发人员通常会采用数据库连接池技术，由数据库连接池统一负责分配、管理和释放数据库连接。

14.1 数据库连接池

14.1.1 连接池的原理

为了避免频繁地创建数据库连接和释放数据库连接，数据库连接池技术应运而生。图 14-1 简单描述应用程序如何通过连接池连接数据库。数据库连接池为数据库连接创建了一个“缓冲池”，预先在“缓冲池”中放入一定数量的 Connection 对象，当应用程序访问数据库时，直接从“缓冲池”中申请一个 Connection，如果“缓冲池”中有空闲的 Connection，则将其返回，否则创建新的 Connection。使用完毕后，调用 Connection 的 close( ) 方法，将 Connection“归还”给“缓冲池”，以便其他的线程使用。数据库连接池大大提高了数据库连接的利用率，也减小内存吞吐的开销。

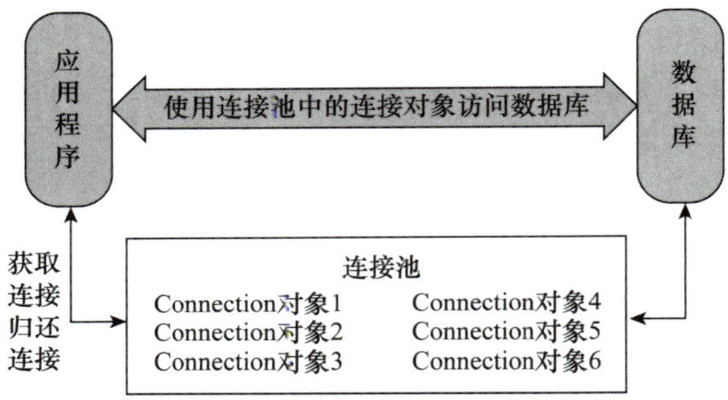

图 14-1　数据库连接池工作的示意图

14.1.2 常见的连接池

Java 为数据库连接池提供了公共的接口：javax. sql. DataSource，该接口中定义了 getConnection( ) 方法来获取 Connection 对象。各个数据库厂商需要定义一个类来实现这个接口。常见的连接池：C3P0、DBCP 和 Druid。

C3P0：C3P0 是一个开源的数据库连接池，支持 JDBC2 和 JDBC3 的标准规范，著名的开源框架 Hibernate 和 Spring 都支持该连接池，适用于小型系统。

DBCP：DBCP 是数据库连接池(DataBase Connection Pool)的简称，是 Apache 组织下的开源连接池，也是 Tomcat 的连接池组件，适用于小型系统。官网地址：http://commons. apache. org/proper/commons-dbcp/download_dbcp. cgi。

Druid：Druid 是阿里巴巴旗下的开源连接池，是目前比较流行的高性能、分布式列存储的 OLAP，是一个可用于大数据实时查询和分析的高容错、高性能的开源分布式系统。

鉴于篇幅的原因，接下来将对 C3P0 连接池进行详细地讲解。关于其他两种连接池，有兴趣的读者可自行查找资料学习。

14.2 C3P0 连接池

14.2.1 C3P0 概述

C3P0 是一个开源免费的连接池！读者可以进入 https：//sourceforge. net/projects/c3p0/ 下载 C3P0 最新的版本，本教材采用的是 C3P0 0.9.2 版本。读者可以进入 https：//www. mchange. com/projects/c3p0/apidocs/index. html 查看 C3P0 API 文档快速入门。当使用 C3P0 数据池时，首先需要创建数据源对象。接下来通过两个案例介绍如何创建数据源对象，获取 Connection 对象。

14.2.2 利用编程方式获取 C3P0 数据源连接对象

（1）在 MySQL 中创建一个名为 mydb 的数据库，在此数据库中新建一张 product 表，同时预先添加一些数据。此操作所执行的 SQL 语句如下所示。

文件 14-1 mydb. sql

```
#创建名为 mydb 的数据库
Create database mydb;
#使用 mydb 数据库
use mydb;
#创建 product 表
create table product(
    pid int primary key auto_increment,
    pname varchar(20),
    price double,
    category_id varchar(32)
);
#插入四条记录
INSERT INTO product(pname, price, category_id) VALUES(' IBM' , 5500, ' c001' );
INSERT INTO product(pname, price, category_id) VALUES(' 惠普' , 5000, ' c001' );
INSERT INTO product(pname, price, category_id) VALUES(' 华为' , 3800, ' c002' );
INSERT INTO product(pname, price, category_id) VALUES(' 小米' , 2000, ' c002' );
```

完成上述操作后，数据库表 product 的数据如图 14-2 所示。

pid	pname	price	category_id
1	IBM	5500	c001
2	惠普	5000	c001
3	华为	3800	c002
4	小米	2000	c002

图 14-2　product 数据集

（2）在 Eclipse 开发工具中创建 Java Project：chapter14，在项目 chapter14 中导入 mysql-connector-java-5. 1. 37-bin. jar、c3po-0. 9. 2-pre5. jar 和 mchange-commons-java-0. 2. 3. jar。

（3）在项目 chapter14 的 src 目录中新建一个名为 com. igeek 的包，在该包中创建类 C3P0Demo_01，该类从 c3p0 连接池中获取一个 Connection 对象。项目结构如图 14-3 所示。

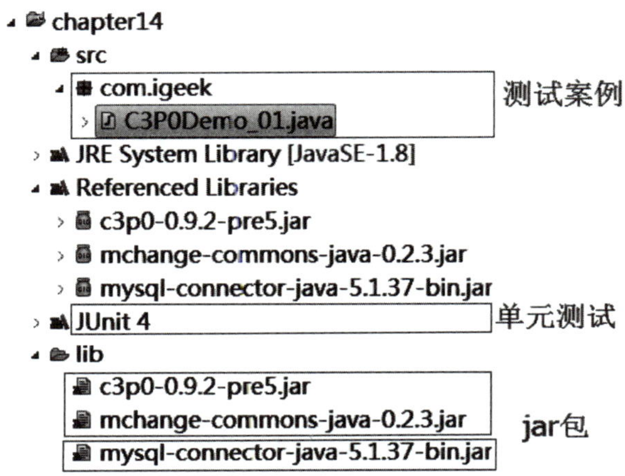

图 14-3　项目结构图

文件 14-2　C3P0Demo_ 01. java

```
package com. igeek;
import java. sql. Connection;
import org. junit. Test;
import com. mchange. v2. c3p0. ComboPooledDataSource;

public class C3P0Demo_01 {
    @Test
    Public void demo01( ) throws Exception {
        // 1 获得连接池(数据源)
        ComboPooledDataSource dataSource = new ComboPooledDataSource( );
        // 1. 1 设置数据源的属性(必选项) characterEncoding = utf- 8,一定程度上可
解决中文乱码
        dataSource. setDriverClass("com. mysql. jdbc. Driver");
```

```
            dataSource. setJdbcUrl("jdbc: mysql: //localhost: 3306/mydb? characterEn-
coding=utf-8");
            dataSource. setUser("root");
            dataSource. setPassword("");
            // 1. 2 其他配置项(扩展、可选)
            //* 初始化连接池中连接的个数:5 个
            dataSource. setInitialPoolSize(5);
            //* 最小|最大连接池中连接的个数:2|10
            dataSource. setMinPoolSize(2);
            dataSource. setMaxPoolSize(10);
            //* 最大空闲时间:60 秒
            dataSource. setMaxIdleTime(60);
            //* 每次增长个数:2 个
            dataSource. setAcquireIncrement(2);
            // 2 获得连接
            Connection conn=dataSource. getConnection();
            System. out. println(conn);
        }
    }
```

文件 14-2 中，首先通过 ComboPooledDataSource( ) 构造方法创建数据源对象，手动设置数据源对象的属性值，然后获得数据库连接对象。

程序运行结果如下。

```
信息: Initializing c3p0 pool... com.mchange.v2.c3p0.ComboPooledDataSource
com.mchange.v2.c3p0.impl.NewProxyConnection@6bdf28bb
```

文件 14-2 中手动设置数据源对象的属性值有必选项和扩展项，常见的配置项如表 14-1所示。读者可以根据项目的实际情况设置 C3P0 数据池的配置项。

表 14-1　C3P0 数据池常见配置项

分类	属性	描述
必选项	user	数据库用户名
	password	数据库登录密码
	driverClass	数据库驱动类 如 mysql 驱动类：com. mysql. jdbc. Driver
	jdbcUrl	jdbc 路径 如 mysql 的 jdbc 路径，jdbc：mysql：//localhost：3306/数据库

续　表

分类	属性	描述
基本配置	acquireIncrement	连接池无空闲连接可用时，一次性创建的新连接数 默认值：3
	initialPoolSize	连接池初始化时创建的连接数 默认值：3
	maxPoolSize	连接池中拥有的最大连接数 默认值：15
	minPoolSize	连接池保持的最小连接数
	maxIdleTime	连接的最大空闲时间。如果超过这个时间，某个数据库连接还没有被使用，则会断开掉这个连接；如果为 0，则永远不会断开连接 默认值：0
管理连接池的大小和连接的生存时间(扩展)	maxConnectionAge	配置连接的生存时间。如果超过这个时间将由连接池自动断开丢弃掉。正在使用的连接不会马上断开，而是等待 close 方法再断开。配置为 0 的时候则不会对连接的生存时间进行限制 默认值 0
	maxIdleTimeExcessConnections	这个配置主要是为了减轻连接池的负载，配置不为 0，则会将连接池中的连接数量保持到 minPoolSize，为 0 则不处理
配置 Prepared Statement 缓存(扩展)	maxStatements	连接池为数据源缓存的 PreparedStatement 的总数。由于 PreparedStatement 属于单个 Connection，所以这个数量应该根据应用中平均连接数乘以每个连接的平均 PreparedStatement 来计算。为 0 的时候不缓存，同时 maxStatementsPerConnection 的配置无效
	maxStatementsPerConnection	连接池为数据源单个 Connection 缓存的 PreparedStatement 数，这个配置比 maxStatements 更有意义，因为它缓存的服务对象是单个数据连接，如果设置的好，肯定是可以提高性能的。值为 0 的时候不缓存

14.2.3　利用配置文件的方式获取 C3P0 数据源连接对象

在项目 chapter14 的 src 根目录中新建 c3p0-config. xml(文件名固定)文件，用于配置 C3P0 数据池的基本连接属性和初始化属性。

文件 14-3　c3p0-config. xml

```
<?xml version="1.0" encoding="UTF-8"?>
<c3p0-config>
    <!--默认配置-->
    <default-config>
```

```
        <property name="driverClass">com.mysql.jdbc.Driver</property>
        <property name="jdbcUrl">jdbc:mysql://127.0.0.1:3306/mydb?charac-
terEncoding=utf-8</property>
        <property name="user">root</property>
        <property name="password">12345</property>
        <property name="checkoutTimeout">30000</property>
        <property name="idleConnectionTestPeriod">30</property>
        <property name="initialPoolSize">10</property>
        <property name="maxIdleTime">30</property>
        <property name="maxPoolSize">100</property>
        <property name="minPoolSize">10</property>
        <property name="maxStatements">200</property>
        </default-config>
        <!--可配置多个数据源-->
        <named-config name="igeek">
            <!--连接数据库的 4 项基本参数-->
            <property name="driverClass">com.mysql.jdbc.Driver</property>
             <property name="jdbcUrl">jdbc:mysql://127.0.0.1:3306/mydb?
characterEncoding=utf-8</property>
            <property name="user">root</property>
            <property name="password">12345</property>
            <!--如果数据池中无空闲连接,则一次性新建连接个数-->
            <property name="acquireIncrement">2</property>
            <!--初始化连接数-->
            <property name="initialPoolSize">5</property>
            <!--最小连接受-->
            <property name="minPoolSize">2</property>
            <!--最大连接数-->
            <property name="maxPoolSize">10</property>
            <!--连接的最大空闲时间-->
            <property name="maxIdleTime">60</property></named-config>
    </c3p0-config>
```

文件 c3p0-config.xml 配置了两个数据源，<default-config>…</default-config>元素的内容是默认配置；<named-config name="igeek">…</named-config>元素的内容是自定义配置，当读者需要使用自定义配置时，需要将<named-config>元素中的 name 属性值作为参数传入 ComboPooledDataSource(String configName)方法中即可创建 C3P0 数据源对象，以此来获取连接对象。

文件 14-4　C3P0Demo_02 . java

```
package com. igeek;
import java. sql. Connection;
import org. junit. Test;
import com. mchange. v2. c3p0. ComboPooledDataSource;

public class C3P0Demo_02 {
    @Test
    public void demo01( ) throws Exception {
        // 1 获得连接池(数据源)
        // * 自动加载"c3p0- config. xml"文件,并获得具体的配置信息
        // ** 配置文件<named- config name="名称">与核心类 new ComboPooled-
DataSource("名称"),两个"名称"保持一致
        ComboPooledDataSource dataSource=new ComboPooledDataSource("igeek");
        // 2 获得连接
        Connection conn=dataSource. getConnection( );
        System. out. println(conn);
    }
}
```

C3P0 自动加载 c3p0. xml 文件，获取 C3P0 数据池的配置属性，程序的运行结果如下。

```
信息: Initializing c3p0 pool... com.mchange.v2.c3p0.ComboPooledDataSource
com.mchange.v2.c3p0.impl.NewProxyConnection@3dd3bcd
```

【注意】

（1）配置文件名称必须为 c3p0-config. xml 或 c3p0. properties，并且位于项目的 src 根目录下。

（2）当传入 ComboPooledDataSource(String configName）构造方法的 configName 值为空或不存在时，则使用默认的配置创建数据源。

14. 2. 4　定义 C3P0 连接池——工具类

为了更加方便地使用 C3P0 连接池，笔者在此定义一个 C3P0 连接池的工具类 C3P0Utils，用于提供数据源和 Connection 对象。

文件 14-5　C3P0Utils. java

```
package com. igeek. utils;
import java. sql. Connection;
import java. sql. ResultSet;
```

```
import java. sql. SQLException;
import java. sql. Statement;
import javax. sql. DataSource;
import com. mchange. v2. c3p0. ComboPooledDataSource;

public class C3P0Utils {
    // 连接池,参数与<c3p0- config>
    private static ComboPooledDataSource dataSource = new ComboPooledDataSource("
igeek");

    //获得数据源(连接池)
    public static DataSource getDataSource( ) {
        return dataSource;
    }

    //获得连接对象
    public static Connection getConnection( ) throws SQLException {
        Return dataSource. getConnection( );
    }

    // 释放资源
    public static void release(Connection conn, Statement stmt, ResultSet rs) {
        try {
            if (rs! = null) {
                rs. close( );
            }
        } catch (SQLException e) {
            e. printStackTrace( );
        }
        release(conn, stmt);
    }

    //释放资源
    public static void release(Connection conn, Statement stmt) {
        try {
            if (stmt ! = null) {
                stmt. close( );
```

```
            }
        } catch (SQLException e) {
            e. printStackTrace( );
        }
        try {
            if (conn != null) {
                conn. close( );
            }
        } catch (SQLException e) {
            e. printStackTrace( );
        }
    }
}
```

读者可以在此基础上自行定义 C3P0 连接池的工具类。

14. 3　DBUtils 工具

14. 3. 1　DBUtils 概述

为了更加便捷地使用 JDBC，Apache 组织提供了一个 DBUtils 工具，它是 JDBC Utility 的组件，是 Java 编程中数据库操作的实用工具，能简化 JDBC 操作。读者可以进入 https://commons. apache. org/proper/commons-dbutils/ 查看 API 文档和下载 DBUtils 的最新版本，本教材采用的是 1. 7 版本。

DBUtils 是一个非常小的类库，它的核心是 QueryRunner 类和 ResultSetHandler 接口，接下来将对 QueryRunner 类、ResultSetHandler 接口以及接口实现类进行详细讲解：

（1）QueryRunner 类提供对 SQL 语句操作的 API。

（2）ResultSetHandler 接口，用于定义 select 操作后，怎样封装结果集。

（3）DBUtils 类是一个工具类，定义关闭资源与事务处理的方法。

14. 3. 2　QueryRunner 核心类介绍

QueryRunner 类线程安全，它与 ResultSetHandler 组合能够实现大部分的数据库操作，简化编码量。针对不同的操作需求，QueryRunner 类提供了一些常见的方法，具体如表 14-2所示。

表 14-2　QueryRunner 类提供的常见方法一览表

序号	方法	说明
1	QueryRunner(DataSource ds)	构建一个指定数据源的 QueryRunner 对象，自动管理事务
2	query (String sql, ResultSetHandler < T > rsh)	执行不带参数的 select 语句，查询结果封装在结果对象中
3	query(String sql, ResultSetHandler<T>rsh, Object... params)	执行带参数的 select 语句，查询结果封装在结果对象中
4	update(String sql)	执行不带参数的 Insert、Update 和 Delete 语句
5	update(String sql , Object ... params)	执行带参数的 Insert、Update 和 Delete 语句
6	QueryRunner( )	构建一个与数据源无关的 QueryRunner 对象，后期需手动设置数据源，可手动管理事务
7	query(Connection conn, String sql, ResultSetHandler<T> rsh)	需提供一个 Connection 对象，执行不带参数的 select 语句，查询结果封装在结果对象中
8	query (Connection conn, String sql, ResultSetHandler<T> rsh, Object... params)	需提供一个 Connection 对象，执行带参数的 select 语句，查询结果封装在结果对象中
9	update(Connection conn, String sql)	需提供一个 Connection 对象，执行不带参数的 Insert、Update 和 Delete 语句
10	update (Connection conn, String sql , Object ... params)	需提供一个 Connection 对象，执行带参数的 Insert、Update 和 Delete 语句

14.3.3　ResultSetHandler 接口及其实现类

ResultSetHandler 接口用于处理查询返回的 ResultSet 结果集，它可以将结果集中的数据转换为不同的形式。图 14-4 列出了 ResultSetHandler 接口及其实现类的层次结构。

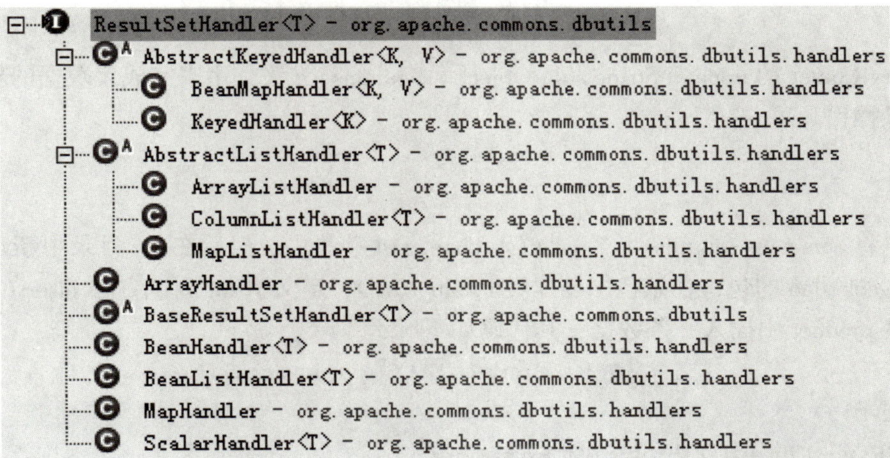

图 14-4　ResultSetHandler 接口及其实现类的层次结构图

针对不同的查询结果集，ResultSetHandler 接口实现类的使用方法如表 14-3 所示。下一节将举例演示这九种结果集处理类的使用方法，其中前三种较常用，对其他的处理类有兴趣的读者可自行查阅资料学习。

表 14-3　ResultSetHandler 接口实现类的使用方法一览表

结果集处理类	适用范围	使用说明
BeanHandler	单条记录	将结果集中第一条记录封装到一个指定的 JavaBean 中
BeanListHandler	多条记录	将结果集中每一条记录封装到指定的 JavaBean 中，将多个 JavaBean 对象封装到 List 集合中
ScalarHandler	单行单列数据	它是用于单行单列数据，例如 select count(*) from 表名
MapHandler	单条记录	将结果集中第一条记录封装到了 Map<String，Object>集合中，key 是字段名称，value 是字段值
MapListHandler	多条记录	将结果集中每一条记录封装到了 Map<String，Object>集合中，key 是字段名称，value 是字段值，再将这些 Map 封装到 List 集合中
ArrayHandler	单条记录	将结果集中的第一条记录封装到一个 Object[ ]数组中，数组中的每一个元素就是这条记录中的每一个字段的值
ArrayListHandler	多条记录	将结果集中的每一条记录都封装到一个 Object[ ]数组中，将这些数组在封装到 List 集合中
KeyedHandler	多条记录	将结果集中每一条记录封装到 Map<String，Object>，再将这个 Map 集合作为外层 Map 的 value，外层 Map 的 key 是指定字段的值，即 Map<String , Map<String，Object>>
ColumnListHandler	多条单列记录	将结果集中指定列的字段值，封装到一个 List 集合中

14.4　QueryRunner 实现新增、更新、删除和查询操作

QueryRunner 的 update(String sql，Object... params)方法，用来完成表数据的新增、更新、删除操作。

14.4.1　新增

首先将 commons-dbutils-1.7.jar 放入 chapter14 项目中，然后在 src 目录中新建一个名为 com.igeek.dao 的包，在该包中创建类 ProductDAO，定义 JUnit 测试方法 insert( )实现向数据库表 product 中插入一条数据，其代码如下所示。

文件 14-6　ProductDAO.java-insert 方法

```
@Test
public void insert( ) throws SQLException{
        //1 核心类
```

```
        QueryRunner queryRunner = new QueryRunner(C3P0Utils. getDataSource( ));
        //2 定义 SQL 语句
        String sql = "insert into product(pname, price, category_id) values(?, ?, ?)";
        Object[ ] params = { "测试商品", 100, "c009" };
        //3 执行 update 方法
        int r = queryRunner. update(sql,params);
        System. out. println("受影响数量:"+r);
}
```

在上述代码中，首先实例化指定数据源的 QueryRunner 对象；其次定义 SQL 语句，并赋以待新增的数据；最后通过 QueryRunner 对象的 update( ) 方法执行新增操作，返回受影响的记录数。新增“测试商品”的效果图如图 14-5 所示。

pid	pname	price	category_id
1	IBM	5500	c001
2	惠普	5000	c001
3	华为	3800	c002
4	小米	2000	c002
5	测试商品	100	c009

图 14-5　新增“测试商品”的效果图

从图中可以看出，QueryRunner 对象调用 update( ) 方法成功新增一条测试商品信息。

14. 4. 2　更新

在类 ProductDAO 中新建测试方法 update( ) 实现更新 product 表中指定的数据，操作过程同新增操作一样，其代码如下所示。

文件 14-7　ProductDAO. java-update 方法

```
@Test
public void update( ) throws SQLException{
        //1 QueryRunner 核心类
        QueryRunner queryRunner = new QueryRunner(C3P0Utils. getDataSource( ));
        //2 准备 SQL 语句
        String sql = "update product set pname = ?, price = ?, category_id = ? where pid = ?";
        //3 准备实际参数
        Object[] params = {"芒果 99", "99", "c009", 5};
        //4 执行 update 方法
        int r = queryRunner. update(sql, params);
        System. out. println("受影响数量:"+r);
}
```

pid	pname	price	category_id
1	IBM	5500	c001
2	惠普	5000	c001
3	华为	3800	c002
4	小米	2000	c002
5	芒果99	99	c009

图 14-6　更新编号为 5 的商品数据的效果图

从图 14-6 中可以看出，QueryRunner 对象调用 update( )方法成功更新 pid=5 的商品信息。

14.4.3　删除

在类 ProductDAO 中新建测试方法 delete( )实现删除 product 表中指定的数据，操作过程同新增操作一样，其代码如下所示。

文件 14-8　ProductDAO.java-delete 方法

```
@Test
public void delete( ) throws SQLException{

        QueryRunner queryRunner=new QueryRunner(C3P0Utils.getDataSource( ));
        String sql="delete from product where pid=?";
        Object[ ] params={5};
        int r=queryRunner.update(sql, params);
        System.out.println("受影响数量:"+r);
    }
```

pid	pname	price	category_id
1	IBM	5500	c001
2	惠普	5000	c001
3	华为	3800	c002
4	小米	2000	c002

图 14-7　删除商品编号为 5 的效果图

从图 14-7 中可以看出，QueryRunner 对象调用 update( )方法成功删除 pid=5 的商品信息。

14.4.4　查询

QueryRunner 的 query(String sql，ResultSetHandler<T> rsh，Object... params)方法用来完成表数据的查询操作，操作时必需实例化 ResultSetHandler 子类对象，ResultSetHandler 接口及其实现类的使用说明已在前面详细讲解，在此不再重复叙述了。读者可以根据项目实际需求灵活选用不同的 ResultSetHandler 接口实现类获取不同类型的结果集。

14.4.5　通过 BeanHandler 实现查询操作

BeanHandler 对象只能处理一条记录，因此它将结果集中第一条记录封装到一个指定的 JavaBean 中。

JavaBean 就是一个类，在开发中常用于封装数据。它具有如下特性。

（1）需要实现接口：java.io.Serializable，通常实现接口这步骤省略了，不会影响程序。

（2）提供私有字段：private 类型 字段名。

（3）提供 getter/setter 方法。

（4）提供无参构造。

在项目 chapter14 的 src 目录中新建一个名为 com.igeek.po 的包，在该包中创建类 Product。

文件 14-9　Product.java

```
package com.igeek.po;

public class Product {
        private String pid;
        private String pname;
        private Double price;
        private String category_id;
        //省略各个属性的 getter 和 setter 方法
        //操作步骤:选择 source 菜单的子项 Genrate Getters and Setters
@Override
        public String toString() {
        //输出 Product 对象各属性的值,便于调试代码
        return "Product[pid="+pid+", pname="+pname+", price="+price+", catetory_id="+category_id+"]";
        }
    }
```

下面在类 ProductDAO 中新建测试方法 queryDemo01()演示 BeanHandler 类的使用方法，其代码如下所示。

文件 14-10　ProductDAO.java-queryDemo01 方法

```
@Test
public void queryDemo01() throws SQLException{
    // 通过 id 查询商品详情,将查询结果封装到 JavaBean:product
    //1 核心类
    QueryRunner queryRunner=new QueryRunner(C3P0Utils.getDataSource());
    //2 SQL 语句
```

```
        String sql="select*from product where pid=?";
        //3 准备实际参数
        Object[ ] params={1};
        //4 查询并封装
          Product  product  =  queryRunner. query (sql,  new  BeanHandler < Product >
(Product. class), params);

        System. out. println(product);

    }
```

从上述的代码中，读者可以看出 query 方法中实例化 BeanHandler 类对象作为参数，方法返回值赋值给 Product 对象。

程序运行结果如下。

```
信息: Initializing c3p0 pool... com.mchange.v2.c3p0.ComboPooledDataSource
Product[pid=1,pname=IBM,price=5500.0,catetory_id=c001]
```

图 14-10 运行结果

14.4.6 通过 BeanListHandler 实现查询操作

BeanListHandler 对象可以处理多条记录，因此它将结果集中每一条记录封装到指定的 JavaBean 中，然后再将多个 JavaBean 对象封装到 List 集合中。下面在类 ProductDAO 中新建测试方法 queryDemo02( )演示 BeanListHandler 类的使用方法，其代码如下所示。

文件 14-11 ProductDAO. java-queryDemo02 方法

```
    @Test
    public void queryDemo02( ) throws SQLException{
    //BeanListHandler: 将每一条记录封装到一个 JavaBean,然后将 JavaBean 添加到 List 中
    QueryRunner queryRunner=new QueryRunner(C3P0Utils. getDataSource( ));
    String sql="select*from product";
    Object[ ] params={ };
    List<Product>list=queryRunner. query(sql, new BeanListHandler<Product>(Product. class),
params);
    //循环输出查询结果
    for(Product product : list){
        System. out. println(product);
    }
    }
```

程序运行结果如下。

```
信息: Initializing c3p0 pool... com.mchange.v2.c3p0.ComboPooledDataSource
Product[pid=1,pname=IBM,price=5500.0,catetory_id=c001]
Product[pid=2,pname=惠普,price=5000.0,catetory_id=c001]
Product[pid=3,pname=华为,price=3800.0,catetory_id=c002]
Product[pid=4,pname=小米,price=2000.0,catetory_id=c002]
```

14.4.7 通过 ScalarHandler 实现查询操作

ScalarHandler 对象只能处理单行单列数据，下面在类 ProductDAO 中新建测试方法 queryDemo03( )演示 ScalarHandler 类的使用方法，其代码如下所示。

文件 14-12 ProductDAO.java-queryDemo03 方法

```
    @Test
public void queryDemo03 () throws SQLException{
    // ScalarHandler : 用于处理聚合函数执行结果(一行一列)
    //* 查询总记录数
    QueryRunner queryRunner = new QueryRunner(C3P0Utils.getDataSource( ));
    String sql = "select count(*) from product";
    //查询
    Long obj = queryRunner.query(sql, new ScalarHandler<Long>( ));
    //输出结果
    System.out.println("商品数量: "+obj);
}
```

程序运行结果如下。

```
信息: Initializing c3p0 pool... com.mchange.v2.c3p0.ComboPooledDataSource
商品数量:4
```

14.4.8 通过 MapHandler 实现查询操作

MapHandler 对象只能处理一条记录，它将结果集中第一条记录封装到了 Map<String, Object>集合中，key 是字段名称，value 是字段值。下面在类 ProductDAO 中新建测试方法 queryDemo04( )演示 MapHandler 类的使用方法，其代码如下所示。

文件 14-13 ProductDAO.java-queryDemo04 方法

```
    @Test
public void queryDemo04( ) throws SQLException{
    // MapHandler ：将查询到的一条记录，封装到 Map 中，map.key = 字段名，
map.value = 值
    //* 主要用途：多表操作、将数据转换 json 等
```

```
    QueryRunner queryRunner=new QueryRunner(C3P0Utils.getDataSource());
    String sql="select*from product where pid=?";
    Object[] params={1};
    Map<String,Object>map=queryRunner.query(sql, new MapHandler(), params);
//输出结果
    System.out.println(map);
}
```

程序运行结果如下。

```
信息: Initializing c3p0 pool... com.mchange.v2.c3p0.ComboPooledDataSource
{pid=1, pname=IBM, price=5500.0, category_id=c001}
```

14.4.9 通过 MapListHandler 实现查询操作

MapListHandler 对象可以处理多条记录，它将结果集中每一条记录封装到了 Map<String，Object>集合中，key 是字段名称，value 是字段值，再将这些 Map 封装到 List 集合中。

文件 14-14 ProductDAO.java-queryDemo05 方法

```
@Test
public void queryDemo05() throws SQLException{
    // MapListHandler :将每一条记录封装到 Map 中,然后将 Map 添加到 List 中
    //* 主要用途:多表操作 等
    QueryRunner queryRunner=new QueryRunner(C3P0Utils.getDataSource());
    String sql="select*from product";
    List<Map<String, Object>>list=queryRunner.query(sql, new MapListHandler());
    //输出结果
    for(Map<String,Object>map : list){
        System.out.println(map);
    }
}
```

程序运行结果如下。

```
信息: Initializing c3p0 pool... com.mchange.v2.c3p0.ComboPooledDataSource
{pid=1, pname=IBM, price=5500.0, category_id=c001}
{pid=2, pname=惠普, price=5000.0, category_id=c001}
{pid=3, pname=华为, price=3800.0, category_id=c002}
{pid=4, pname=小米, price=2000.0, category_id=c002}
```

14.4.10 通过 ArrayHandler 实现查询操作

ArrayHandler 对象只能处理一条记录，它将结果集中的第一条记录封装到一个 Object[]数组中，数组中的每一个元素就是这条记录中的每一个字段的值。注意：如果查询返回

的记录集为空，则 Object[ ]数组的 length=0。

文件 14-15　ProductDAO. java-queryDemo06 方法

```
@Test
public void querydemo06( ) throws SQLException{
    // ArrayHandler :将查询的第一条记录封装到数组中
    QueryRunner queryRunner=new QueryRunner(C3P0Utils. getDataSource( ));
    String sql="select*from product where pid=?";
    Object[ ] params={1};
    Object[ ] arr=queryRunner. query(sql, new ArrayHandler( ), params);
    //输出结果
    System. out. println(Arrays. toString(arr));
}
```

程序运行结果如下，如果查询返回的记录集为空，则返回[ ]。

```
信息: Initializing c3p0 pool... com.mchange.v2.c3p0.ComboPooledDataSource
[1, IBM, 5500.0, c001]
```

14. 4. 11　通过 ArrayListHandler 实现查询操作

ArrayListHandler 对象可以处理多条记录，它将结果集中的每一条记录都封装到一个 Object[ ]数组中，再将这些数组封装到 List 集合中。

文件 14-16　ProductDAO. java-queryDemo07 方法

```
@Test
public void queryDemo07( ) throws SQLException{
    // ArrayListHandler :将查询结果集的每一条记录封装到数组中,然后添加到 List
    QueryRunner queryRunner=new QueryRunner(C3P0Utils. getDataSource( ));
    String sql="select*from product";
    List<Object[ ]>list=queryRunner. query(sql, new ArrayListHandler( ));
    //输出结果
    for(Object[ ] arr : list){
        System. out. println(Arrays. toString(arr));
    }
}
```

程序运行结果如下。

```
信息: Initializing c3p0 pool... com.mchange.v2.c3p0.ComboPooledDataSource
[1, IBM, 5500.0, c001]
[2, 惠普, 5000.0, c001]
[3, 华为, 3800.0, c002]
[4, 小米, 2000.0, c002]
```

14.4.12 通过 KeyedHandler 实现查询操作

KeyedHandler 对象可以处理多条记录，它将结果集中每一条记录封装到 Map<String, Object>，再将这个 Map 集合作为外层 Map 的 value，外层 Map 的 key 是指定字段的值，即 Map<String , Map<String, Object>>。

文件 14-17　ProductDAO.java-queryDemo08 方法

```
@Test
public void queryDemo08() throws SQLException{
// KeyedHandler : new KeyedHandler("字段名称"),查询多条记录,将查询结果封装到
Map 中
// 类型 Map<String, Map<String,Object>>
//* 外层 map.key=指定"字段名称"对应的值
//* 外层 map.value=当前整条记录所有的值,数据为 Map<字段名,值>
QueryRunner queryRunner=new QueryRunner(C3P0Utils.getDataSource());
String sql="select*from product";
Map<String,Map<String, Object>>map = queryRunner.query(sql, new KeyedHandler<
String>("pname"));
//输出结果
for(Map.Entry<String, Map<String,Object>>entry : map.entrySet()){
    System.out.println(entry.getKey());
    System.out.println(entry.getValue());
    }
}
```

程序运行结果如下。

```
信息: Initializing c3p0 pool... com.mchange.v2.c3p0.ComboPooledDataSource
惠普
{pid=2, pname=惠普, price=5000.0, category_id=c001}
IBM
{pid=1, pname=IBM, price=5500.0, category_id=c001}
华为
{pid=3, pname=华为, price=3800.0, category_id=c002}
小米
{pid=4, pname=小米, price=2000.0, category_id=c002}
```

14.4.13 通过 ColumnListHandler 实现查询操作

ColumnListHandler 对象可以处理单列多条记录，它将查询结果集中指定列的字段值封装到一个 List 集合中。

文件 14-18　ProductDAO. java-queryDemo09 方法

```
@Test
public void queryDemo09( ) throws SQLException{
// ColumnListHandler ：查询指定一列的数据,将每一个记录封装到一个 List 集合中
QueryRunner queryRunner=new QueryRunner(C3P0Utils. getDataSource( ));
String sql="select*from product";
//List < String > list = queryRunner. query (sql, new ColumnListHandler < String >
("pname"));
List<String>list=queryRunner. query(sql, new ColumnListHandler<String>(2));
//输出结果
System. out. println(list);
}
```

从上述的代码中，读者可以看出 ColumnListHandler 指定列是“pname”，其数据类型必须跟 List 的泛型一致。注意：ColumnListHandler 构造方法的参数可以是列的序号或列名，参数缺省的话默认是数据表的第一列。

程序运行结果如下。

```
信息: Initializing c3p0 pool... com.mchange.v2.c3p0.ComboPooledDataSource
[IBM, 惠普, 华为, 小米]
```

本章小结

本章主要讲解了数据库连接池和 DBUtils 工具的使用。首先讲解了数据库连接池的基本知识，其次介绍了 C3P0 数据源，最后通过一个具体的案例重点讲解了 QueryRunner 类和 ResultSetHandler 接口实现类的常见操作。通过本章的学习，读者应该熟悉通过数据池获得数据源的方法，重点掌握 QueryRunner 类和 ResultSetHandler 接口实现类的使用方法。

习　题

请将上一章对数据库表 category 的操作利用 DBUtils 工具封装成 CategoryDAO。

第 15 章

综合案例

学习目标

【应用】综合案例

(1)【理解】阐述综合案例的需求是什么。

(2)【应用】独立完成项目环境的搭建工作，做好准备工作。

(3)【应用】基于某个功能模块独立编写 DAO 层的代码。

(4)【应用】基于某个功能模块独立编写 Service 层的代码。

(5)【应用】基于某个功能模块独立编写主控类的代码。

(6)【了解】软件分层设计的思想。

15.1 需求分析

15.1.1 功能介绍

利用 C3P0+DBUtils 模拟商品管理逻辑实现商品的增、删、改、查操作。

(1) 程序运行主控界面如图 15-1 所示。

```
请输入命令进行操作:
C-----------新增
U-----------修改
D-----------删除
DA--------批量删除
I------通过id查询
FA--------查询所有
Q------------退出
```

图 15-1　程序运行主控界面

（2）查询所有。

输入：fa，查询所有商品信息，如图 15-2 所示。

```
查询结果:
Product[pid=1,pname=IBM,price=5500.0,flag=1,catetory_id=c001]
Product[pid=2,pname=长城,price=3200.0,flag=1,catetory_id=c001]
Product[pid=3,pname=惠普,price=5000.0,flag=1,catetory_id=c001]
Product[pid=4,pname=华为,price=3800.0,flag=1,catetory_id=c002]
Product[pid=5,pname=小米,price=2000.0,flag=1,catetory_id=c002]
Product[pid=6,pname=OPPO,price=3400.0,flag=1,catetory_id=c002]
Product[pid=7,pname=NOKIA,price=2000.0,flag=1,catetory_id=c002]
Product[pid=8,pname=佰草集,price=800.0,flag=1,catetory_id=c003]
Product[pid=9,pname=玉兰油,price=200.0,flag=1,catetory_id=c003]
Product[pid=10,pname=大宝,price=5.0,flag=1,catetory_id=c003]
共10条
```

图 15-2　查询所有商品信息

（3）查询指定商品的详情，如图 15-3 所示。

```
i
请输入查询的商品编号:
1
查询结果: Product[pid=1,pname=IBM,price=5500.0,flag=1,catetory_id=c001]
```

图 15-3　查询指定商品详情

（4）新增商品，如图 15-4 所示。

```
c
请输入商品名称:
订书机
请输入商品价格:
50
请输入商品种类编号:
c004
添加成功
```

图 15-4　新增商品

（5）修改商品，如图 15-5 所示。

```
u
请输入要编辑的商品编号:
10
请输入需要修改的商品名称:
大宝
请输入需要修改商品价格:
20
修改成功
```

图 15-5　修改商品

（6）删除指定商品，如图 15-6 所示。

```
d
请输入删除商品编号:
11
将要删除的商品: Product[pid=11,pname=订书机,price=50.0,flag=1,catetory_id=c004]
您确定要删除吗? 请输入y
y
删除成功
```

图 15-6　删除指定商品

（7）删除所有商品，如图 15-7 所示。

```
da
进入批量删除模式: (输入-1退出)
请输入删除商品编号:
9
已标记要删除的商品Product[pid=9,pname=玉兰油,price=200.0,flag=1,catetory_id=c003]
请输入删除商品编号:
10
已标记要删除的商品Product[pid=10,pname=大宝,price=20.0,flag=1,catetory_id=c003]
请输入删除商品编号:
-1
您确定要删除，已经标记[数量为2]的商品吗? 请输入y
y
删除成功
```

图 15-7　删除所有商品

15.1.2　案例分析

应用程序分层设计结构图如图 15-8 所示。

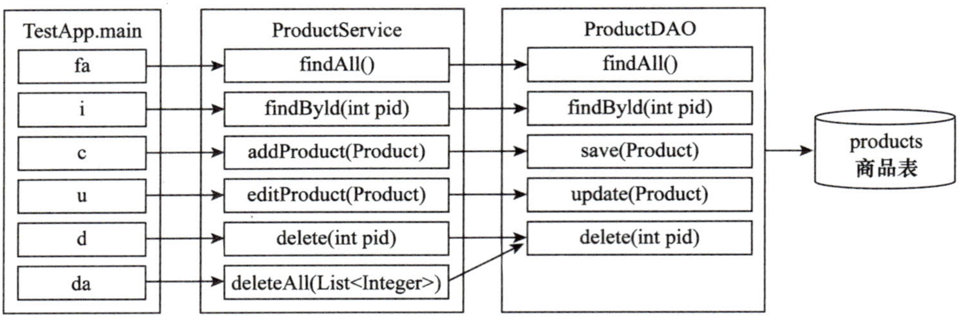

图 15-8　应用程序分层设计结构图

应用程序将所有的类划分层次，体现软件分层设计的思想，上层调用下层提供的服务。

（1）com. igeek. po——JavaBean。

（2）com. igeek. utils——工具类。

（3）com. igeek. dao——DAO 层。

（4）com. igeek. service——Service 层。

15.2 准备工作

15.2.1 数据准备

在 MySQL 中创建一个名为 igeekdb 的数据库，在此数据库中新建一张 product 表，同时预先添加一些数据。此操作所执行的 SQL 语句如下所示。

文件 15-1 igeekdb. sql

```
create database igeekdb;
use igeekdb;
create table product(
pid int primary key auto_increment,
pname varchar(30),
price double,
flag int, # 是否上架标记:1 表示上架   0 表示下架
category_id varchar(32)
);

INSERT INTO product(pname, price, flag, category_id) VALUES
('IBM' , 5500, 1, 'c001' ),
('长城' , 3200, 1, 'c001' ),
('惠普' , 5000, 1, 'c001' ),
('华为' , 3800, 1, 'c002' ),
('小米' , 2000, 1, 'c002' ),
('OPPO' , 3400, 1, 'c002' ),
('NOKIA' , 2000, 1, 'c002' ),
('佰草集' , 800, 1, 'c003' ),
('玉兰油' , 200, 1, 'c003' ),
('大宝' , 5, 1, 'c003' )
```

15.2.2 项目准备

（1）新建项目 chapter15，导入项目所需的 jar 包，jar 包可以参考上一章的案例。根据上述案例分析的结果创建四个 package，体现软件分层设计的思想。项目结构图如图 15-9 所示。

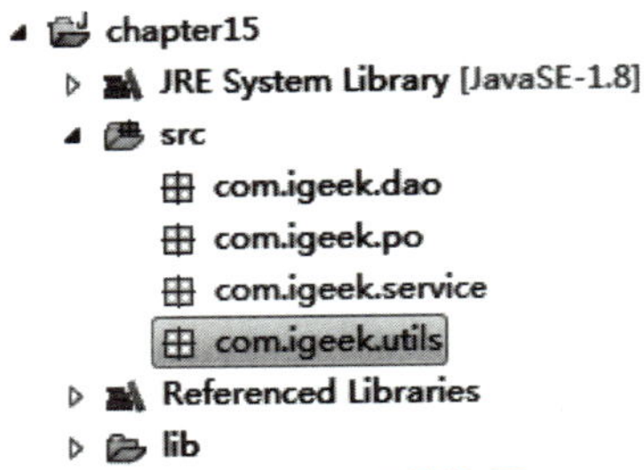

图 15-9　项目结构图

（2）在项目 chapter15 名为 com. igeek. po 的包中创建类 Product。

文件 15-2　Product. java

```
public class Product {
    private String pid;
    private String pname;
    private Double price;
    private int flag;      //1 表示上架　0 表示下架
    private String category_id;
//省略各个属性的 getter 和 setter 方法
    @Override
    public String toString( ) {
        return "Product[pid="+pid+", pname="+pname+", price="+price+", flag="+
flag+", catetory_id="+category_id+"]";
    }
}
```

（3）将上一章的 C3P0Utils 类复制至 com. igeek. utils 包中，c3p0-config. xml 文件复制至项目的 src 目录中。

（4）在 com. igeek. dao 包中新建 ProductDAO 类，对数据库表 product 的操作代码都在 ProductDAO 类中编辑，在 com. igeek. service 包中新建 ProductService 类，服务层的代码都在 ProductService 类中编辑。

（5）新建 TestAPP 类，作为应用程序的入口或主控类。

文件 15-3　TestApp. java

```
public class TestAPP {
    public static void main(String[ ] args) {
        try {
            // 提供处理流,接收键盘输入
             BufferedReader reader = new BufferedReader(new InputStreamReader
(System. in));

            // 程序无限执行,处理不同命令
```

```
while (true) {
    System. out. println("请输入命令进行操作:");
    //用户可以自行增加具体操作
    System. out. println("C-----------新增");
    System. out. println("U----------修改");
    System. out. println("D----------删除");
    System. out. println("DA-------批量删除");
    System. out. println("I------通过 id 查询");
    System. out. println("FA-------查询所有");
    System. out. println("Q-----------退出");

    // 接收命令
    String line=reader. readLine( );
    // 根据不同的命令做出不同处理
    switch (line. toUpperCase( )) {
    case "C":
        // 添加
        //add(reader);
        break;
    case "U":
        // 修改
        //update(reader);
        break;
    case "D":
        // 删除
        //delete(reader);
        break;
    case "DA":
        // 批量删除
        //deleteAll(reader);
        break;
    case "I":
        // 查询详情
        //findById(reader);
        break;
    case "FA":
        // 查询所有
```

```
                    //findAll(reader);
                    break;
                case "Q":
                    System. out. println("欢迎下次使用");
                    System. exit(- 1);
                    break;

                default:
                    break;
                }

            }
        } catch (Exception e) {
            e. printStackTrace( );
            System. out. println("本次操作异常,请稍后重试");
        }
    }
}
```

准备工作完毕，接下来分功能模块进行设计。

15.3 查询功能

15.3.1 查询所有商品

1. DAO 层

文件 15-4 ProductDAO. java-findAll 方法

```
/* 查询所有
 * @return
 * @throws SQLException
 */
public List<Product> findAll( ) throws SQLException{

    QueryRunner queryRunner = new QueryRunner(C3P0Utils. getDataSource( ));
    String sql = "select * from product";
    return queryRunner. query(sql, new BeanListHandler<Product>(Product. class));
}
```

2. Service 层

文件 15-5　ProductService. java-findAll 方法

```
//实例化 Product 对象,调用 DAO 层的方法
    private ProductDAO productDao = new ProductDAO( );
    /**
    * 查询所有
    * @return
    * @throws SQLException
    */
    public List<Product> findAll( ) throws SQLException {
        return productDao. findAll( );
    }
```

3. 主控类

在 TestApp 类的 main 方法中去除"findAll(reader) ;"前的注释；在 TestAPP 类中新建一个 findAll 方法，具体代码如下所示。

文件 15-6　TestApp. java-findAll 方法

```
/**
*
* @Title: findAll
* @Description: 查询所有
* @param reader
*/
private static void findAll(BufferedReader reader) {
    try {
        ProductService productService = new ProductService( );
        List<Product> list = productService. findAll( );
        System. out. println("查询结果:");

        if (list != null) {
            for (Product product : list) {
                System. out. println(product);
            }
            System. out. println("共"+list. size( )+"条");
        } else {
            System. out. println("没有查询结果");
        }
```

```
    } catch (Exception e) {
        System. out. println("本次查询失败,请稍后重试");
    }
}
```

15.3.2 通过 id 查询商品详情

1. DAO 层

文件 15-7 ProductDAO. java-findById 方法

```
/**
* 通过 id 查询详情
* @param pid
* @return
* @throws SQLException
*/
public Product findById(Integer pid) throws SQLException{
    QueryRunner queryRunner = new QueryRunner(C3P0Utils. getDataSource( ));
    String sql = "select * from product where pid = ?";
    Object[ ] params = {pid};
    return queryRunner. query(sql, new BeanHandler<Product>(Product. class), pa-
rams);
}
```

2. Service 层

文件 15-8 ProductService. java-findById 方法

```
/**
* 通过 id 查询详情
*
* @param pid
* @return
* @throws SQLException
*/
public Product findById(Integer pid) throws SQLException {
    // ProductDao productDao = new ProductDao( );
    return productDao. findById(pid);
}
```

3. 主控类

具体操作步骤与“查询所有”的操作类似，下面将不再叙述。

文件 15-9　TestApp. java-findById 方法

```
/**
*
* @Title: findById
* @Description: 根据 Id 进行查询
* @param reader
*/
private static void findById(BufferedReader reader) {
    try {
        // 获得数据
        System. out. println("请输入查询的商品编号:");
        String pidStr = reader. readLine( );
        Integer pid = Integer. parseInt(pidStr);

        // 查询
        ProductService productService = new ProductService( );
        Product product = productService. findById(pid);

        // 显示
        if (product! = null) {
            System. out. println("查询结果:"+product);
        } else {
            System. out. println("没有查询结果");
        }

    } catch (Exception e) {
        System. out. println("查询异常,请稍后重试");
    }
}
```

15. 4　增加商品

1. DAO 层

文件 15-10　ProductDAO. java-save 方法

```
/**
* 保存
* @param product
```

```
    * @throws SQLException
    */
    public void save(Product product) throws SQLException {
        QueryRunner queryRunner = new QueryRunner(C3P0Utils. getDataSource( ));
        String sql = "INSERT INTO product(pname, price, flag,category_id) VALUES(?, ?, ?, ?); ";
        Object[ ] params = {product. getPname( ), product. getPrice( ), product. getFlag( ),
product. getCategory_id( )};
        queryRunner. update(sql, params);
    }
```

2. Service 层

文件 15-11 ProductService. java-save 方法

```
    /**
    * 添加商品
    * @param product
    * @throws SQLException
    */
    public void addProduct(Product product) throws SQLException {
        productDao. save(product);
    }
```

3. 主控类

文件 15-12 TestApp. java-add 方法

```
    /**
    *
    * @Title: create
    * @Description: 添加商品
    * @param reader
    */
    private static void add(BufferedReader reader) {
        try {
            // 获得数据 ,并封装
            System. out. println("请输入商品名称:");
            String pname = reader. readLine( );

            System. out. println("请输入商品价格:");
            String priceStr = reader. readLine( );
            double price = Double. parseDouble(priceStr);
```

```
        System. out. println("请输入商品种类编号:");
        String category_id = reader. readLine( );

        Product product = new Product( );
        product. setPname(pname);
        product. setPrice(price);
        //默认:上架
        product. setFlag(1);
        product. setCategory_id(category_id);

        // 添加
        ProductService productService = new ProductService( );
        productService. addProduct(product);

        System. out. println("添加成功");

    } catch (Exception e) {
        System. out. println("添加异常,请稍后重试");
    }
}
```

15.5　修改商品

1. DAO 层

文件 15-13　ProductDAO. java-update 方法

```
    /**
    *  修改
    *  @param product
    *  @throws SQLException
    */
    public void update(Product product) throws SQLException {
        QueryRunner queryRunner = new QueryRunner(C3P0Utils. getDataSource( ));
        String sql = "update product set pname = ?, price = ?, flag = ?, category_ id = ?
where pid = ?";
        Object[] params = {product. getPname( ), product. getPrice( ), product. getFlag( ),
        product. getCategory_id( ) , product. getPid( )};
        queryRunner. update(sql, params);
    }
```

2. Service 层

文件 15-14 ProductService. java-update 方法

```
/**
* 修改商品
* @param product
* @throws SQLException
*/
public void editProduct(Product product) throws SQLException {
    productDao. update(product);
}
```

3. 主控类

文件 15-15 TestApp. java-update 方法

```
/**
* 修改商品
* 假设:修改商品的名称和价格
* @Title: update
* @Description: TODO(这里用一句话描述这个方法的作用)
* @param reader
*/
private static void update(BufferedReader reader) {
    try {
        // 获得数据
        System. out. println("请输入要编辑的商品编号:");
        String pidStr = reader. readLine( );
        Integer pid = Integer. parseInt(pidStr);

        // 查询
        ProductService productService = new ProductService( );
        Product product = productService. findById(pid);

        if (product = = null) {
            System. out. println("修改商品已不存在");
            return;
        }

        // 修改
        System. out. println("请输入需要修改的商品名称:");
```

```
            String pname = reader. readLine( );

            System. out. println("请输入需要修改商品价格:");
            String priceStr = reader. readLine( );
            double price = Double. parseDouble(priceStr);

            //* 将用户输入的数据修改查询数据,最后更新
            product. setPname(pname);
            product. setPrice(price);

            //* 修改操作
            productService. editProduct(product);

            System. out. println("修改成功");

        } catch (Exception e) {
            System. out. println("修改异常,请稍后重试");
        }
    }
```

15. 6　删除商品

删除商品模块中增加了事务，读者可以自行感受一下增加事务操作与上述操作的区别。

15. 6. 1　通过 id 删除指定商品

1. DAO 层

文件 15-16　ProductDAO. java-delete 方法

```
/**
* 删除,支持事务
* @param pid
* @throws SQLException
*/
public void delete(Integer pid) throws SQLException {
    QueryRunner queryRunner = new QueryRunner(C3P0Utils. getDataSource( ));
    String sql = "delete from product where pid = ?";
    Object[ ] params = {pid};
    queryRunner. update(sql, params);
}
```

2. Service 层

文件 15-17　ProductService. java-delete 方法

```
/**
 * 删除,支持事务
 *
 * @param pid
 */
public void delete(Integer pid) {
    Connection conn = null;
    try {
        conn = C3P0Utils. getConnection( );
        // 开启
        conn. setAutoCommit(false);
        productDao. delete(pid);
        // 提交
        DbUtils. commitAndClose(conn);
    } catch (Exception e) {
        // 回滚
        DbUtils. rollbackAndCloseQuietly(conn);
        // 通知调用者
        throw new RuntimeException(e);
    }
}
```

3. 主控类

文件 15-18　TespApp. java-delete 方法

```
/**
 *
 * @Title: delete
 * @Description: 删除
 * @param reader
 */
private static void delete(BufferedReader reader) {
    try {
        // 获得数据
        System. out. println("请输入删除商品编号:");
        String pidStr = reader. readLine( );
        Integer pid = Integer. parseInt(pidStr);
```

```
            // 查询
            ProductService productService = new ProductService( );
            Product product = productService. findById(pid);

            if (product = = null) {
                System. out. println("删除商品不存在");
                return;
            }

            System. out. println("将要删除的商品:"+product);
            System. out. println("您确定要删除吗? 请输入 y");

            String yes = reader. readLine( );
            if ("y". equalsIgnoreCase(yes)) {
                productService. delete(pid);
                System. out. println("删除成功");
            } else {
                System. out. println("操作已取消");
            }

        } catch (Exception e) {
            System. out. println("删除异常,请稍后重试");
        }
}
```

15. 6. 2 批量删除商品

1. Service 层

文件 15-19 ProductService. java-deleteAll 方法

```
/**
 * 批量删除
 *
 * @param idList
 */
public void deleteAll(List<Integer> idList) {
    Connection conn = null;
    try {
        conn = C3P0Utils. getConnection( );
        // 开启
```

```
            conn. setAutoCommit(false);

            if (idList! = null) {
                for (Integer id : idList) {
                    productDao. delete(id);
                }
            }

            // 提交
            DbUtils. commitAndClose(conn);
            } catch (Exception e) {
                // 回滚
                DbUtils. rollbackAndCloseQuietly(conn);
                // 通知调用者
                throw new RuntimeException(e);
            }
        }
```

2. 主控类

文件 15-20 TestApp. java-deleteAll 方法

```
/**
*
*  @Title: deleteAll
*  @Description: 批量删除
*  @param reader
*/
private static void deleteAll(BufferedReader reader) {
    try {

        System. out. println("进入批量删除模式:(输入-1 退出)");
        List<Integer> idList = new ArrayList<Integer>( );

        ProductService productService = new ProductService( );
        while (true) {

            // 获得数据
            System. out. println("请输入删除商品编号:");
            String pidStr = reader. readLine( );
```

```
            Integer pid=Integer. parseInt(pidStr);

            //-1 退出
            if (pid==-1) {
                break;
            }

            // 查询
            Product product=productService. findById(pid);
            if (product==null) {
                System. out. println("商品【"+pid+"】已不存在");
                continue;
            }

            idList. add(pid);
            System. out. println("已标记要删除的商品"+product);

        }

        // 查询批量
        System. out. println("您确定要删除,已经标记[数量为"+idList. size( )+"]的商
品吗? 请输入 y");

        String yes=reader. readLine( );
        if ("y". equalsIgnoreCase(yes)) {
            productService. deleteAll(idList);
            System. out. println("删除成功");
        } else {
            System. out. println("操作已取消");
        }

    } catch (Exception e) {
        System. out. println("删除异常,请稍后重试");
    }
}
```

商品管理功能模块按照需求分析的要求大体完成，读者可以在此基础上进行完善。

本章小结

本章主要讲解基于软件分层设计的思想实现商品管理模块功能。通过本章的学习，读者可以了解软件分层设计的思想，了解桌面级应用程序设计的思路，掌握商品管理模块功能的具体实现。

习　题

1. 请简要描述一下商品管理模块的设计思路和实现流程。
2. 请模仿上述综合案例操作的步骤完成商品的上架和下架。
3. 请根据商品上架、下架的状态值更改查询操作。

参考文献

[1] 北京尚学堂科技有限公司. 实战 Java 程序设计[M]. 北京：清华大学出版社，2018.
[2] 明日科技. Java 从入门到精通[M]. 北京：清华大学出版社，2016.
[3] 李刚. 疯狂 Java 讲义[M]. 北京：电子工业出版社，2018.
[4] 传智播客高教产品研发部. Java 基础入门[M]. 北京：清华大学出版社，2014.
[5] 刘卫国. Java 语言程序设计[M]. 北京：中国铁道出版社，2016.
[6] 徐红，王灿. Java 程序设计[M]. 北京：高等教育出版社，2013.
[7] 黑马程序员. Java 基础案例教程[M]. 北京：人民邮电出版社，2017.
[8] 王晓华. Java 程序设计[M]. 2 版. 北京：电子工业出版社，2016.